安防系统工程

主　编：董　娜　李　庚　白宝成
副主编：李秀成　范海龙
参　编：李姝宁　刘佳玲　郭苏玲
主　审：杨打生

北京理工大学出版社
BEIJING INSTITUTE OF TECHNOLOGY PRESS

图书在版编目（CIP）数据

安防系统工程/董娜，李庚，白宝成主编. —北京：北京理工大学出版社，2018.1
ISBN 978 – 7 – 5682 – 4460 – 2

Ⅰ.①安⋯　Ⅱ.①董⋯ ②李⋯ ③白⋯　Ⅲ.①安全系统工程 – 高等学校 – 教材
Ⅳ.①X913.4

中国版本图书馆 CIP 数据核字（2017）第 181896 号

出版发行 / 北京理工大学出版社有限责任公司
社　　址 / 北京市海淀区中关村南大街 5 号
邮　　编 / 100081
电　　话 / （010）68914775（总编室）
　　　　　（010）82562903（教材售后服务热线）
　　　　　（010）68948351（其他图书服务热线）
网　　址 / http://www.bitpress.com.cn
经　　销 / 全国各地新华书店
印　　刷 / 北京国马印刷厂
开　　本 / 787 毫米 × 1092 毫米　1/16
印　　张 / 14.5　　　　　　　　　　　　　　　　责任编辑 / 刘永兵
字　　数 / 340 千字　　　　　　　　　　　　　　文案编辑 / 刘　佳
版　　次 / 2018 年 1 月第 1 版　2018 年 1 月第 1 次印刷　　责任校对 / 周瑞红
定　　价 / 54.00 元　　　　　　　　　　　　　　责任印制 / 李志强

前言
Preface

经过三十多年的发展，城市建设已经成为我国增长速度最快、规模最大、全国发展较为统一的行业，尤其是经过"十二五"期间的快速发展和壮大，超大规模城市、大型建筑、综合型功能建筑、大型小区，以及如火车站、机场、地铁站、医院等人数多、流动性大的公共服务性机构的构建规模越来越大，数量也越来越多；随着经济和社会的发展以及建设和谐社会发展思路的提出，城市治安环境良好、人民安居乐业、建筑配套设施智能化的需求日益突出，随之出现的安防系统、建筑物智能控制系统的需求和涉及领域日益广泛，并形成了产业链相对完整、具有一定规模的高技术含量、高成长型行业，在服务政府、构建"和谐社会"、推动"智慧城市"建设等战略方面发挥了十分显著的作用。伴随着我国经济社会的快速发展，"十三五"期间我国安防系统工程行业又将进入一个十分重要的发展时期，与楼宇智能化技术相结合的安防系统工程技术也将成为各高等院校建筑智能化相关专业的重要专业课程，会越来越受到人们的重视。

本书结合建筑智能化安防系统工程行业的发展现状、人才需求、主要岗位技能需求以及国内大部分高等院校现有的实训条件、已开设相近专业建设基础等实际情况，与相关行业、企业专家、一线工程师、技术人员紧密合作，使本书内容既符合企业当前安防系统工程行业主要岗位的能力需求，又兼顾该行业在未来技术发展、应用方面的需求。本书主要介绍建筑智能化安防系统工程中的视频监控系统、门禁系统、室内安防系统、消防系统以及常见的楼宇电气设备智能控制系统与楼宇综合安防系统平台等典型楼宇安防弱电子系统的方案设计、系统构建、设备选型、安装调试、设置使用等内容。在介绍每一个安防子系统的同时将楼宇弱电工程的施工标准、技术规范、查故排故等相关内容结合实际工程案例进行介绍。

根据高等院校人才培养的要求，结合安防系统工程的特点，编者拟定以安防系统设计过程和安防系统中问题解决的方法为主线，并结合工作过程的教学模式，组织本书的内容体系。将实际工程项目或案例作为载体，以市场占有率高的安防设备作为教学案例，在每一个安防子系统项目中以2~3个实际的工程案例作为工作情境。工作情境规模由小到大，项目结构由简单到复杂，智能化程度由低到高，以一个项目的不断扩展和层层推进来全面带动每一个安防子系统的设计、选型、功能、安装调试等知识的融合。在工程案例中尽量详尽分析各步骤中的常见故障和解决方法，培养学生解决具体问题的能力，尽量用图或产品的说明书信息解决问题。全书共分5个项目，项目一介绍了视频监控系统的基本概念、设备参数、选型、安装、调试等内容，并详细分析了银行营业厅以及高校校园两个具有代表性的监控设计、施工实际工程案例；项目二介绍了门禁对讲系统的主要系统构成、设计安装要点，并通过大楼门禁对讲系统设计、施工与小区保安控制室联网管理门禁对讲系统设计与施工两个案例详细描述了门禁对讲系统的设计施工过程；项目三针对室内安防需求，按照探测器种类、应用场合特点介绍了室内安防系统的选型、安装、调试等内容，并剖析了住宅与商户两个安防需求不同的实际工程案例；项目四详细介绍了火灾自动报警与联动系统的设备、参数、装调方法、系统功能要点；项目五介绍了楼宇智能化电气综合控制系统的相关知识，结合组态软件及DDC等可编程电气自动化控制设备以楼宇智能照明系统为例展示了楼宇智能化系统平台构建的方法。

　　本书可作为高等院校建筑智能化工程技术专业、智能监控专业、应用电子技术专业以及消防工程技术等专业的教材，也可供从事安防系统工程的专业技术人员学习参考。

　　本书由董娜、李庚和白宝成主编并定稿，由李秀成和范海龙担任副主编，另有参编人员：李姝宁、刘佳玲和郭苏玲等。杨打生主审全书。

　　建筑智能化安防系统工程行业发展迅速，新技术、新理念日新月异，高等教育改革的探索也在不断深入，由于编者水平很有限，因此书中难免存在一些疏漏与不足，敬请广大同行批评指正。

编　者

目录 Contents

项目一

视频监控系统

🔁 【教学导航】

主要学习任务	视频监控系统摄像机的主要参数与选型； 视频监控系统镜头的参数与选型； 视频监控系统后端设备的功能与选型； 视频监控系统案例分析、设计与施工	参考学时	18
学习目标	熟悉视频监控系统的构成； 具备视频监控系统主要设备选型的能力； 具备视频监控系统方案设计、施工的能力； 掌握视频监控系统工程的相关标准、规范		
学习资源	多媒体网络平台、教材、PPT 和视频等；一体化安防系统工程实验室；模拟 建筑物施工场地；绘图桌等		
教学方法、手段	引导法、讨论法、演示教学法、项目驱动教学法		
教学过程设计	视频监控系统联动案例→播放视频监控系统录像→给出工程案例→分析系统 构成→激发学生的学习兴趣，做好学前铺垫		
考核评价	理论知识考核（40%）；实操能力考核（50%）；自我评价（10%）		

　　图像视觉信息是人类从外界获得的最直观、最准确、内容最丰富的一种信息来源，视频信息是由一系列连续的静止图像构成的。借助视频信息对外界客观事物形象、生动的还原，人们可以对外界事物的行为、发展、活动过程进行全面的了解，若对保存好的视频反复观看还可以发现很多细节信息。

　　随着社会经济的发展、城市化建设的加快，一些以前很少发生的社会现象在人口密集、人员流动量大的城市出现得越快越频繁，如盗窃、抢劫、吸毒、贩毒、人口拐卖、诈骗、"碰瓷"等犯罪行为在人们身边时有发生，而全面、完善的视频监控系统对破获这些案件、震慑不法分子能起到非常有效的作用。同时电子技术、计算机技术、网络技术等的高速发展，使得原来因为价格高、性能低而使用率低、应用范围小的视频监控系统发生了巨大的变革。现在的视频监控系统清晰度高、智能化程度高、价格低廉、系统结构简单灵活，使其在越来越多的场合得到推广使用。

视频监控系统作为一种主要的安全防范系统，对各类刑事案件，突发公共安全、民事纠纷等事件进行记录，实现对事发时现场真实情况的还原，帮助有关部门用最短的时间、最合适的方法完成事件处理。要想使视频监控系统发挥其应有的作用，应该根据视频监控系统具体的工作环境、使用需求进行系统设备的合理选型，实现"看得清""看得远"以及能够与其他应用系统进行联动，从而使视频监控系统的功能得以充分发挥。

伴随着视频监控技术的成熟，人们对视频监控系统的功能需求也越来越多，视频监控系统不再是单一的安防系统，现在在交通管理、物流管理、生产调配、灾情预报、工业控制等领域都有着广泛应用，在提高生产效率、增强管理水平、提升生产智能化程度等方面起到了重要的作用。

视频监控技术大致经历了三个发展阶段。

（1）从1984年到1996年，这个阶段以闭路电视监控系统为主，也就是第一代全模拟视频监控系统。前端设备为模拟信号摄像机，其传输媒介为同轴电缆等模拟信号传递视频线缆，后端设备为基于微控制器的视频切换监控系统、录像机、监视器等设备，由控制主机进行模拟处理。主要应用于银行、政府机关等高档场所。此阶段是视频监控系统的起步阶段。

全模拟视频监控系统监控方案采用模拟摄像机 + 磁带机的模式（现已被淘汰）。

这个方案的前端采集与后端显示和传输线路都使用模拟信号设备。需要专门铺设线路且成本高，在长距离传输时视频损耗大，严重影响了后端的显示效果，也没有完整的、针对大量前端的有效管理机制，所有模拟信号都需要中央视频切换矩阵控制，系统容量有限。因采用模拟信号存储，因此存储媒介容量小，需使用大量录像带，调看录像非常不方便。

（2）20世纪90年代中期至90年代末，这个阶段以基于计算机插卡式的视频监控系统为主，被业内人士称为半数字时代。其传输媒介依然为同轴线缆。由多媒体控制主机或硬盘录像机（DVR）进行数字处理和存储。这个阶段的应用也多限于对安全程度要求较高的场所，是视频监控系统的初步发展阶段。

模拟 – 数字混合监控系统监控方案采用模拟摄像机加硬盘录像机（DVR）的系统模式（目前仍在使用），图1.1所示为模拟 – 数字混合视频监控系统的原理构成。

为了提高系统的智能化水平，往往会在视频监控系统中加入一些探测器，使视频监控系统可以与安防系统实现报警联动功能。因为硬盘录像机为数字设备，一般自带视频监控系统软件，因此可以对整个视频监控系统进行系统控制。

（3）20世纪90年代末至今，随着嵌入式、网络、通信等技术的高速发展，视频监控系统的摄像机、传输方式、后端处理系统都进入了数字化、网络化的时代。视频监控系统发展成了以智能图像分析为特色的网络视频监控系统。网络视频监控的应用不再局限于安全防护，而逐渐被用于远程办公、远程医疗、远程教学、远程管理、交通监控、生产调度等领域，其高速发展阶段是从2005年至今。

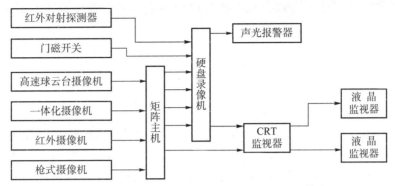

图 1.1 模拟－数字混合视频监控系统的原理构成

全数字化网络视频监控系统一般采用 Live Camera 视频监控平台，基于互联网，统一平台、统一管理。

图 1.2 所示为全数字化网络视频监控系统的原理构成，该系统全部使用数字信号，且使用 IP 网络传输，因此适合长距离传输。现在的建筑一般都已经安装了 IP 网络，所以布线成本低。在没有网络的地方，可以使用 ADSL 方式接入。

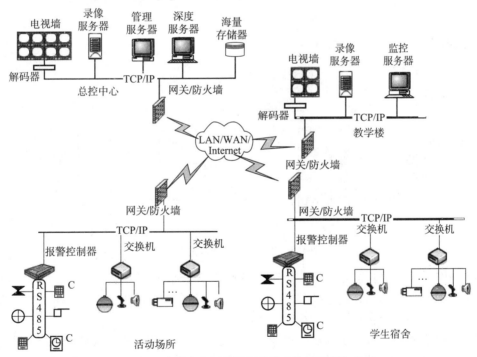

图 1.2 全数字化网络视频监控系统的原理构成

视频监控系统一般可以分为前端、传输、后端三部分。前端部分包括摄像机以及支架、防护罩、镜头、解码器、云台等配套设备；传输部分包含光缆、网线、同轴电缆等不同的传输线缆以及可能配备无线信号收发装置、调制解调设备、交换机、光端接机等信号传输设备；后端控制显示部分主要包括矩阵主机、硬盘录像机、各类服务器、监视器、电视墙、报警控制器、电源等设备。视频监控系统的构建主要根据系统的应用场合、用户的需求、国家（行业）标准，来选择合适的前端设备、传输设备、后端设备，并完成系统的安装和调试。

【项目知识】

在视频监控系统中，摄像机与镜头共同完成视频信号的采集任务，是整个视频监控系统的"眼睛"，摄像机与镜头将监视区域内的光信号采集后转换为电信号，通过传输线缆进行传输，最后由监视器显现出来。所以在视频监控系统中，摄像机与镜头的性能好坏、设备选型是否合适都将对视频监控系统的图像质量起到决定性的作用。

在实际使用中，有些摄像机是不需要单独安装镜头的，但是也有一些摄像机是独立设备，在使用时需要选择与之匹配的镜头才能正常工作。所以在后面的内容中分别对摄像机与镜头进行专门的介绍，了解并掌握摄像机与镜头的主要参数与设备选型时应遵循的原则。

项目知识 1　摄像机的主要参数与选型

摄像机的主要工作原理如图 1.3 所示。

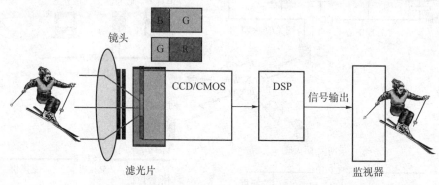

图 1.3　摄像机的主要工作原理

外界物体反射的光信号通过镜头折射后将光线传送到图像传感器 CCD 芯片上，CCD 芯片将光信号转换为电信号，通过处理后，将可被显示设备识别的视频信号传输出去，人们就可以通过监视器看到摄像机采集的视频图像信息了。

随着视频监控系统技术的发展，摄像机形成了一个庞大的家族，根据传感器芯片、输出信号种类、制式、用途等方面的不同，摄像机可以分成许多种类，大体上摄像机可以分为模拟摄像机、数字摄像机和专用摄像机，其中数字摄像机产品中产品规模、市场使用率较大的是网络摄像机。每一类摄像机又有多款不同功能特点的产品，以海康威视系列产品为例，该生产商旗下的摄像机产品的大致分类情况如图 1.4 ~ 图 1.6 所示。

下面将对市场上最常见的模拟摄像机与数字化网络摄像机分别进行介绍。

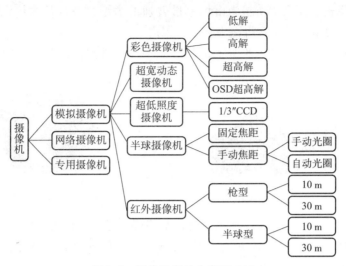

图 1.4 摄像机产品分类图（1）

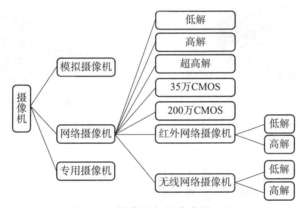

图 1.5 摄像机产品分类图（2）

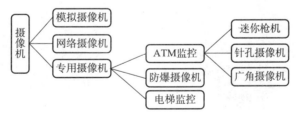

图 1.6 摄像机产品分类图（3）

一、摄像机分类

在选取摄像机时，人们会以摄像机的外形、成像方式、灵敏度、清晰度、成像色彩、CCD 靶面尺寸等不同的性能指标为出发点，考虑如何选取合适的摄像机，根据这些参数特点，对摄像机进行如下分类。

1. 按外观分类

按照摄像机的外观特点可以把摄像机分为以下几种类型。

（1）枪式摄像机：图 1.7 所示为市场上最普通的类型，外观长方体、不含镜头，在使用时需要加装合适的镜头，通常将镜头装于护罩内。

（2）半球形摄像机：如图 1.8 所示，外形如半球，通常含镜头及护罩，多用于环境美观、隐蔽处。

图 1.7　枪式摄像机　　　　　　　　　　图 1.8　半球形摄像机

（3）飞碟形摄像机：如图 1.9 所示，外形如飞碟，通常含镜头及护罩，多用于电梯内。

（4）微型摄像机：如图 1.10 所示，体积小，外形有纽扣形、笔形和针孔形，多为无线，用于采访、偷拍等隐蔽场所。

图 1.9　飞碟形摄像机　　　　　　　　　图 1.10　微型摄像机

（5）全球形摄像机：如图 1.11 所示，体积大、为球体，内含云台和摄像机，多为高速球，用于开阔区域。

（6）一体化摄像机：如图 1.12 所示，摄像机的部件、镜头、镜头控制电路全部制作成一体。用于监控开阔区域，往往与云台配套使用。

图 1.11　全球形摄像机　　　　　　　　　图 1.12　一体化摄像机

2. 按图像传感器类型分类

目前市场上见到的摄像机所采用的图像传感器基本上分为两种，即 CCD 图像传感器与 CMOS 图像传感器，目前市场上的主流产品都采用 CCD 图像传感器，而 CMOS 图像传感器是后起之秀，也是未来的发展趋势，表 1.1 中对两种摄像机的主要性能进行了对比。

表 1.1　CCD 摄像机与 CMOS 摄像机主要性能的对比

传感器类型	功耗	低照度效果	色彩还原度	动态范围	噪声	价格
CCD	较大	较好	较好	较差	较好	较高
CMOS	较小	较差	较差	较好	较差	较低

（1）CCD 摄像机：采用高感光半导体材料作为电耦合器件，感光后形成视频电信号。目前监控用途的摄像机主要采用 SONY 和 SHARP 两大品牌的 CCD。SONY 公司生产的 CCD 被更多的摄像机生产厂商所使用，而 SHARP 公司生产的 CCD 因为较低的成本，大多使用在低端摄像机上。

（2）CMOS 摄像机：CMOS 摄像机所采用的图像传感器是一种互补金属氧化物半导体利用光电技术原理制造的图像传感元件。CMOS 图像传感器价格低廉、宽动态效果极佳，虽然目前市场占有率不高，但随着 CMOS 技术的不断成熟，在未来的视频监控市场中 CCD 技术将逐渐被 CMOS 技术取代。

3. 按成像色彩分类

按照摄像机成像色彩，可将摄像机分为彩色摄像机、黑白摄像机、彩色/黑白自动转换摄像机。

（1）彩色摄像机：可以输出彩色视频图像信号，对景物细节分辨度高，包含信息量较大（一般为黑白图像的 10 倍左右），但对环境光线要求较高，需在较高的光照度条件（多数彩色摄像机要求光照度大于 1 lx）下才可以正常工作。

（2）黑白摄像机：输出视频图像信号为黑白信号，虽然黑白图像信号不如彩色图像丰富、生动，但画面内景物的外形特点仍然可以准确地表现出来，并且黑白摄像机在工作时对环境的光线要求相对彩色摄像机来说要低得多，在光照度很低的时候（一般产品为 0.01 ~ 0.5 lx）仍然可以获得较好的图像信息。

（3）彩色/黑白自动转换摄像机：近几年来随着摄像机技术的高速发展，一些较大的摄像机生产厂家（如海康威视、大华等）推出了具备彩色、黑白自动转换功能的摄像机，在光照条件较好的情况下输出彩色视频信号，提供色彩丰富的图像信息，在光线条件变差时自动转换输出黑白视频信号，提供可进行外形特征分辨的图像信息，目前很多工程项目中在选取枪式摄像机时将具有彩色/黑白自动转换功能的摄像机作为首选。

4. 按摄像机扫描制式进行分类

电视制式是指一个国家的电视系统所采用的特定制度和技术标准。现在世界上共有三种电视制式。

（1）PAL（Phase Alternating Line）制：供电频率为 50 Hz、场频为每秒 50 场、帧频为每秒 25 帧、扫描线为 625 行，目前全世界大部分国家（包括欧洲多数国家、非洲、澳洲和中国）都使用 PAL 制式。

（2）NTSC（National Television System Committee）制：供电频率为 60 Hz，场频为每秒 60 场，帧频为每秒 30 帧（精确地讲为 29.97 fps），扫描线为 525 行，美国、日本、加拿大等国使用此制式。

（3）SECAM（Sequentiel Couleur A Memoire）制：按顺序进行色彩传输与存储，采用

25fps 帧率，主要用于法国、俄罗斯及东欧国家。

5. 按摄像机感光元件靶面尺寸分类

目前市场上绝大多数摄像机的感光芯片都采用 CCD，按照 CCD 感光元件的靶面尺寸可以将摄像机进行如下分类，如表 1.2 所示。

表 1.2　传感器尺寸对照表　　　　　　　　　　　　　　　　　　mm

尺寸	长	宽	对角线	应用
1 英寸①	12.7	9.6	16	百万像素，工业检测
2/3 英寸	8.8	6.6	11	百万像素，工业检测
1/2 英寸	6.4	4.8	8	交通监控，工业检测
1/3 英寸	4.8	3.6	6	普通摄像机，大多数摄像机选用
1/4 英寸	3.2	2.4	4	低端监控或者一体机

一般情况下，摄像机 CCD 靶面尺寸越大，摄像机输出的图像效果会越好；CCD 靶面尺寸小的摄像机可以将机器尺寸缩小，成本降低；在使用时如果为摄像机配备同样的光学镜头，CCD 靶面尺寸大的摄像机会获得更大的视场角度。在市场上最常用的 CCD 靶面尺寸为 1/3 英寸。

6. 按灵敏度对摄像机进行分类

灵敏度是指摄像机对监控景物可分辨的最低环境照度的反应能力，所以最低照度是用来衡量摄像机在多暗的环境下能看清物体的一个指标，该数字越低，说明摄像机灵敏度越高、性能越好。在国家标准中对彩色摄像机亮度灵敏度的特性说明如下：摄像机产生的亮度输出电平为额定电平的一半时，物体的最小照度为该摄像机的灵敏度。

环境光照度强弱（光照强度）的描述以 lx（勒克斯）为单位，1 勒克斯等于 1 流明（lumen，lm）的光通量均匀分布于 1 m^2 面积上的光照度，可用专用的仪器进行测量。也有一些根据使用经验对实际环境进行估算的方法，如表 1.3 所示。

表 1.3　光照强度经验值

夏日阳光下	100 000 lx
阴天室外	10 000 lx
电视台演播室	1 000 lx
距 60 W 台灯 60 cm 的桌面	300 lx
室内日光灯	100 lx
黄昏室内	10 lx
20 cm 处烛光	10 ~ 15 lx
夜间路灯	0.1 lx

---

① 1 英寸 = 25.4 毫米。

根据摄像机的正常工作环境照度需求可将摄像机分为以下几类：

（1）普通型：1~3 lx；

（2）月光型：0.1 lx 左右；

（3）星光型：0.01 lx 以下；

（4）红外型：0 lx，采用红外照明。

红外摄像机：为摄像机加装了红外光源，摄像机在一定距离范围内可以在无光条件下正常工作。

一般摄像机的灵敏度参数由三部分组成，即摄像机色彩、摄像机最小照度值和光圈值。

例：一款摄像机的最低照度参数如下：

$$彩色 \quad 0.1\ lx\ @\ F1.2$$

彩色，表示该摄像机为彩色摄像机（同一台摄像机工作在彩色模式与黑白模式下所需的最低照度是不同的，如通过滤光片使一只彩色摄像机变为黑白图像输出摄像机，该摄像机所需最低照度也会随之下降）。

0.1 lx 表示摄像机在正常工作时，到达 CCD 传感器的最小照度值。

F1.2 为光圈值，表示该照度值是将该摄像机所配镜头的光圈调到何种取值下所得到的。

7. 按输出图像信号进行分类

按照摄像机输出的图像信号种类，可以将摄像机分为模拟摄像机与数字摄像机（网络摄像机属于数字摄像机）。

（1）模拟摄像机：模拟摄像机通过 CCD 传感器对光信号进行处理后，向传输线缆输出模拟视频信号，如想将该视频信号进行数字化存储，则必须将模拟视频信号经过视频捕捉卡转换成数字信号，并按一定的格式压缩后才能由计算机进行存储、处理。

（2）数字摄像机：被摄物体经镜头成像在影像传感器表面，形成微弱电荷并积累，在相关电路控制下，积累电荷逐点移出，经过滤波、放大后输入 DSP，进行图像信号处理和编码压缩，最后形成数字信号输出，输出的数字信号可以直接被计算机接受、处理、存储。

8. 按清晰度分类

摄像机的清晰度是摄像机的一个重要指标，由摄像机像素数（Pixel）与摄像机水平分辨率（TVL）两种形式进行描述。

（1）像素数：是指摄像机中 CCD 传感器所具备的最大像素数，CCD 传感器靶面上有很多感光元素，每一个独立的感光元素称为一个像素，一般情况下像素数量越多，图像越清晰。

一般像素的表示是由"水平像素数"×"垂直像素数"得到的，例如一款摄像机像素一栏参数标为 1 280 × 720P/i，则这款摄像机的像素可估算为 100 万，P 表示逐行扫描，i 表示隔行扫描；有时像素一栏的参数只标出纵向像素数的值，如 720P/i，则该摄像机的像素可以根据摄像机输出图像的水平与垂直尺寸比例推算出来。一般图像水平/垂直比分为 16:9 与 4:3 两种，如为 16:9，则水平像素数 $= 720 \times \dfrac{16}{9} \approx 1\ 280$。

（2）分辨率：摄像机的分辨率一般指摄像机的水平分辨率，反映摄像机成像后可以分辨出多少对黑白像素对，单位为 TVL（电视线）。一般由专用的图像检测卡进行检测，检测效果如图 1.13 所示。

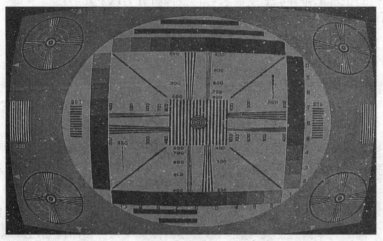

图 1.13　检测效果

现阶段常见的分辨率参数有：

①420 TVL、480 TVL、540 TVL；

②600 TVL、650 TVL；

③700 TVL、720 TVL。

另外，像素与分辨率之间也存在着一种换算关系，可以根据摄像机的水平像素数大致计算出摄像机的水平分辨率，具体方法如下：

①黑白摄像机：

$$水平像素数 \times 75\% = 分辨率近似值$$

例：$510 \times 0.75 = 382.5 \approx 380$（TVL）

②彩色摄像机：

$$水平像素数 \times 75\% \times 85\% = 分辨率近似值$$

例：$768 \times 0.75 \times 0.85 = 489.6 \approx 480$（TVL）

二、摄像机的主要性能、参数

为了令视频监控系统可以根据用户需要更好地完成视频监控任务，在进行系统设计时要根据不同的视频监控场合、环境、特殊要求等选择合适的摄像机。一般在对摄像机进行选择时主要从摄像机图像传感器类型、传感器尺寸、摄像机最低照度、摄像机水平解析度（摄像机像素）、摄像机输出信号信噪比、摄像机图像动态范围、摄像机扫描制式、摄像机电源等几个方面进行综合考虑，来选择摄像机类型。

1. 摄像机图像传感器

目前市场上监控类摄像机使用的图像传感器主要有两种，即 CCD 芯片与 CMOS 芯片。其中 CCD 芯片在目前的市场上占绝大多数份额，目前的主流摄像机品牌旗下，绝大多数型号的摄像机产品都使用 CCD 图像传感器芯片；而 CMOS 芯片属于后起之秀，其相对 CCD 芯片功耗低、价格便宜，但是因为目前技术原因在许多性能上还无法达到 CCD 芯片的高度，所以 CMOS 芯片在业界被认为是未来摄像机图像传感器技术的发展方向。因采用 CMOS 芯片的摄像机的价格会比采用 CCD 芯片的摄像机低，所以在进行摄像机选型时往往会在两种摄像机之间进行选择，因为在工程实施过程中需要综合考虑成本与产品性能之间的平衡，所以在一些监控环境好、监控等级不太高的情况下也可以选择 CMOS 芯片的摄像机。

CCD 是 Charge Coupled Device（电荷耦合器件）的缩写，它是一种特殊半导体器件，上面有很多相同的感光元件，每个感光元件叫一个像素。CCD 在摄像机里是一个极其重要的部件，它起到将光线转换成电信号的作用，类似于人的眼睛，因此其性能的好坏将直接影响到摄像机性能的好坏。监控类摄像机使用的 CCD 主要有 SONY 和 SHARP 两大品牌，市场上的摄像机大多采用 SONY 的 CCD，SHARP 的 CCD 大多在低端摄像机上使用，而且基本上是 1/4" 的。因为其成本较低、效果较差，故为低端用户所钟爱。

CCD 芯片成像尺寸往往决定了摄像机成像效果，因此在进行摄像机选型时要根据实际需要，选择使用不同成像尺寸的摄像机。

（1）1/4″ CCD 大多使用在一体化摄像机、球机上；

（2）1/3″ CCD 为市面上绝大多数摄像机所使用；

（3）1/2″CCD 与 1″CCD 基本上用于低照度、道路监控等摄像机上。

一般情况下，摄像机使用的 CCD 芯片成像尺寸越大，其最终成像效果越好；使用成像尺寸较小的 CCD 芯片的摄像机体积可以做得更小些；但是，在相同的光学镜头下，采用 CCD 芯片成像尺寸越大的摄像机，其生成的监控图像视场角越大。不同成像尺寸的摄像机在配备不同焦距镜头的情况下其获得画面视场角对应值如表 1.4 所示。

表 1.4　不同焦距下成像尺寸与视场角对照表

成像尺寸 视场角 焦距	2.8 mm	3.5 mm	4.0 mm	4.8 mm	6.0 mm	8.0 mm	12.0 mm	16.0 mm	25.0 mm
1/3 英寸	86.3°	67.4°	62.0°	52.2°	42.3°	32.6°	22.1°	17.1°	12.6°
1/2 英寸	–	94.6°	–	69.4°	57.1°	42.6°	29.7°	22.6°	14.2°
2/3 英寸	–	–	–	–	59.2°	–	30.8°	19.4°
1 英寸	–	–	–	–	–	–	–	–	27.8°

2. 摄像机最低照度

在进行视频监控工程过程中应结合监控场所光线环境进行摄像机选型，一般彩色摄像机的最低照度值要远大于黑白摄像机。

在摄像机型号、参数标注中，最低照度是一个主要参数。如海康威视 DS – 2CC195P – A 型号枪式摄像机如图 1.14 所示。

其照度参数描述如下：支持 ICR 红外滤片式自动切换功能，实现昼夜监控；彩色 0.1 lx @ F1.2，黑白 0.002 lx @ F1.2。该描述表示，该摄像机采用红外滤片式自动切换功能，摄像机采集图像有彩色与黑白两种形式。在彩色图像采集状态下的最低照度需求为 0.1 lx，在黑白图像采集状

图 1.14　枪式摄像机外形

下的最低照度为 0.002 lx。其中@F1.2 表示摄像机的最低照度是在镜头的 F 值调为 1.2 的状态下测得的，F 值为镜头的光通量。

当工程选型时，在监控环境光线稳定的环境下，如白天光线条件较好、晚上及时提供较亮光源的室内环境，可以选择最低照度 1~3 lx 的普通彩色摄像机。如白天光线较好、夜间配有光源，但光源较暗的小区道路等环境，可以选择带红外滤片式彩色－黑白自动切换功能的昼夜型摄像机，其彩色模式下最低照度应在 1~3 lx，其黑白模式时最低照度应不大于 0.1 lx。如白天光线较好，夜间无光源或光源效果很差，则应选用带有红外光源或其他光源的昼夜型摄像机，对最低照度的要求符合普通彩色摄像机标准即可。

摄像机的最低照度参数不同，在同样光线下得到的图像效果差异很大，图 1.15 为最低照度 1 lx 与最低照度为 0.1 lx 的两款摄像机在同一光线条件下拍摄到的地下车库图像效果对比。

图 1.15　地下车库成像效果对比

3. 水平解析度

一般摄像机产品在表示其产品分辨率时会采取两种表示方法，一种为使用 CCD 传感器芯片上的感光点个数（像素值）表示，另一种为使用水平解析度（TVL）来表示，两种表示方法在目前的市场主流产品中都有使用，二者之间的换算关系在前文已经介绍过。

在进行实际监控工程项目设备选型时，应在预算范围内尽可能选取水平解析度高的摄像机产品以达到使监控画面质量更高的效果。摄像机的水平解析度为摄像机的一个非常主要的参数，一般根据水平解析度的数值将摄像机产品分为标清、高清、超高清 3 个档次，每一档次的价格差距很大，在进行工程设计时要充分考虑用户需求，选取性价比较高的摄像机产品。

4. 信噪比 S/N

摄像机的信噪比是指信号基带频率上的总亮度信号与信号带宽内全部噪声之比，通常用符号 S/N 来表示，S 表示摄像机在假设元噪声时的图像信号值，N 表示摄像机本身产生的噪声值（比如热噪声），二者之比即为信噪比，该比值越大越好，越大则说明摄像机输出的视频信号中含有的噪声越少，视频图像越清晰无干扰。

由于在一般情况下，信号电压远高于噪声电压，比值非常大，因此，实际计算摄像机信噪比的大小通常都是对均方信号电压与均方噪声电压的比值取以 10 为底的对数，再乘以系数 20，单位用 dB 表示。典型值为 46 dB，若为 50 dB，则图像有少量噪声，但图像质量良好；若为 60 dB，则图像质量优良，不出现噪声。当摄像机摄取较亮场景时，监视器显示的画面通常比较明快，观察者不易看出画面中的干扰噪点；而当摄像机摄取较暗的场景时，监视器显示的画面就比较昏暗，观察者此时很容易看到画面中雪花状的干扰噪点。干扰噪点的强弱（也即干扰噪点对画面的影响程度）与摄像机信噪比值的大小有直接关系，即摄像机的信噪比越大，干扰噪点对画面的影响就越小。

在进行摄像机选型时，CCD 摄像机信噪比的典型值一般为 42 ~ 56 dB，在测量信噪比参数时，应使用视频杂波测量仪直接连接于摄像机的视频输出端子上进行测量。

5. 动态范围

动态范围表示图像中所包含的从"最暗"至"最亮"的范围。动态范围越大，所能表现的图像层次越丰富，所包含的色彩空间也越广。在一些画面内容包含明暗交界的监控点处，应选取动态范围大的摄像机，以便实现监控画面内容各区域都可以达到较好的监控效果。图 1.16 是动态范围较小的与动态范围较大的两款摄像机拍摄到的画面效果对比。

图 1.16　不同动态范围摄像机图像效果对比

6. 摄像机扫描制式

摄像机扫描制式与常说的电视制式一样，是指一个国家的电视系统所采用的特定制度和技术标准，现在世界上共有三种电视制式，即 PAL 制式、NTSC 制式以及 SECAM 制式。在不同的国家，采取的电视制式是不同的，在该国境内使用的视频采集、传输、显示、保存设备一般都要符合该国的电视系统制式。

7. 摄像机电源

摄像机产品不同，其采用的供电方式也有所不同。一般摄像机的供电电源多为 DC 12 V、AC 24 V、AC 220 V。在进行摄像机供电时，应用摄像机自带的变压器就近选用 AC 220 V 电源进行供电。如摄像机没有配套变压器，则可以在一定距离内，将多个摄像机共用一个 AC 24 V 交流变压器或 DC 12 V（根据摄像机电源类型）开关电源进行供电。

三、摄像机的常用功能、产品分类、特点与选型

1. 摄像机常用功能介绍

1）日夜切换功能

许多普通枪式摄像机、红外摄像机都带有日夜监控功能，可进行日夜模式切换，通过对摄像机滤光片进行切换达到实现昼夜监控的目的，通常白天为彩色图像，夜间为黑白图像。

电子式日夜切换：采用双通滤光片，用摄像机内部程序实现彩色转黑白功能。

机械式日夜切换：采用两块滤光片，日用与夜用分开，由马达或者线圈控制其来回切换，从而达到更好的图像效果。

日夜转换对比如图 1.17 所示。

图 1.17　摄像机日夜转换对比

从图中可以看出白天与夜间都可以对图像细节进行分辨，通过切换滤光片转换为黑白图像降低摄像机的最低照度需求，实现日夜监控。

2）自动增益控制（AGC）

采取了自动增益控制技术的摄像机，在通过监视器观看时，摄像机图像能保持在一定的亮度范围内，这些摄像机对亮度信号的处理使用一个放大器，根据情况随时自动控制放大量。在环境光线照度降低时，自动增大亮度信号，使摄像机图像在下午至夜晚这个光线环境变化过程中采集到的图像亮度基本保持不变，这就是所谓的自动增益控制（AGC）。

是否采用了自动增益控制（AGC）技术的两款摄像机在同一光线环境下采集到的图像对比如图 1.18 所示。

图 1.18　是否采用了自动增益控制技术图像的对比

可以看到，采取了自动增益控制技术的摄像机在较暗的光线环境下仍然可以显示较亮的视频图像效果，但图像中有一定的噪点出现。摄像机的自动增益控制（AGC）效果应在较暗的环境中调试，一般自动增益调节值越高，画面越亮，但是噪点越大。

3）电子快门

随着摄像机技术的发展，以前要实现高速移动物体细节识别必须使用高速摄像机，而现在越来越多的枪式摄像机、同时摄像机都配备了电子快门功能，能够实现对高速移动物体的细节识别。

电子快门设置越高，拍摄移动中的物体的边缘会越清晰，但低照效果会越差；当摄像机设置为固定的电子快门时，必须使用自动光圈镜头，调节光通量满足在固定电子快门拍摄时的光线要求。

图 1.19 为对同一速度转动的物体在不同电子快门设置下的拍摄效果。

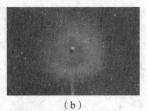

（a）　　　　　　　　　（b）

图 1.19　电子快门对成像效果的影响

（a）1/1 000 s；（b）1/4 s

4）背光补偿（BLC）

所谓背光补偿（BLC）实质为根据图像的亮度，恰当的调整摄像机的增益和 CCD 的电荷积累时间（同电子光圈的作用）。不过这时所测的亮度，不是整幅图像的平均亮度，而是图像中选定的某些部分（如室内光线较强的窗口处）的亮度。图 1.20 所示为开启背光补偿功能前后，在同一场景下的图像效果对比。

图 1.20　背光补偿成像效果

为突显前景特征，开启并设置背光补偿，以提升前景亮度。当然因为亮度使整个画面提升，故提升后，前景亮度合适，背景亮度却会曝光过度。

5）白平衡

摄像机的白平衡指一款摄像机的色还原性，即彩色图像与景物的原有色彩对人眼观察的感觉是否一致。同样的景物，处在同样色温的光源的照射下，彩色摄像机在分色处理的过程中，又能对彩色信号的亮度、色度、饱和度（颜色的纯度）施加影响，改变一定色温光照下的色度，使其更加接近自然光照下人眼已有的习惯感觉，这种功能称为白平衡。

摄像机的白平衡设置有手调和自动两种方式。这种调整的实质，是调节红、绿、蓝 3 路的增益，当摄像机拍摄白色（白纸、白墙）景物时，可令三基色信号电压幅度一致。

如海康威视彩色摄像机一般提供的白平衡设置功能如下：

（1）自动跟踪白平衡 1——色温调节范围在 2 200~9 500 K——适合颜色单一的场景；

（2）自动跟踪白平衡 2——色温调节范围在 2 200~15 000 K——适合颜色丰富的场景；

（3）自动控制白平衡——手动设定标准白；

（4）手动白平衡——手动调节色彩比例。

摄像机在不同的白平衡设置下对同一物体在同一色温环境下的拍摄效果对比如图 1.21 所示。

6）强光抑制（PLC）

当强光（如车灯）进入监控范围时，摄像机开启强光抑制（PLC）功能，可以降低自动光圈对强光的敏感度，避免光圈快速的闭合，使画面快速变暗，达到强光抑制的效果。

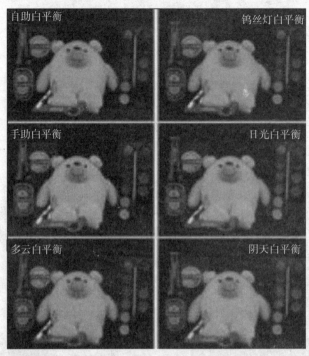

图 1.21 白平衡对图像效果的影响

图 1.22 为开启强光抑制功能前后在同一场景下的拍摄效果。

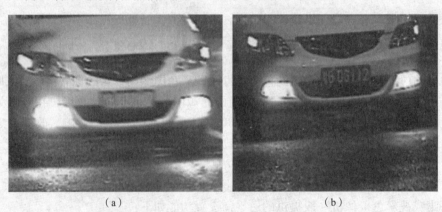

（a）　　　　　　　　　　　　　　　　　（b）

图 1.22 强光抑制功能效果对比

（a）普通摄像机效果；（b）强光抑制摄像机效果

2. 摄像机常用功能的设置与调试

适当使用摄像机的常用功能可以在不同的视频监控场景中取得出色的视频监控效果，因摄像机的生产厂家很多，无法对所有厂家的每一款摄像机产品进行逐一描述，所以本书选择比较有代表性的海康威视公司生产的几款畅销摄像机为例，展示其常用功能的设置和调试方法。

1）摄像机功能调节模式

海康威视公司生产的摄像机具备 OSD 功能设置界面调节与手动拨码调节两种形式。

图 1.23 为 OSD 功能设置界面，其调节方式需利用同轴视控控制器或使用 DVR 的云台

控制按钮进行设置。菜单包括：光圈+可调出菜单、进入下一级菜单、返回或者退出。上、下键可在不同菜单中切换。左、右键可在不同功能选项当中切换。界面中的功能选项对摄像机的主要功能进行设置。

图 1.23 摄像机 OSD 功能设置界面

一些摄像机带有手动拨码开关、可对摄像机的主要功能进行设置，如图 1.24 所示。

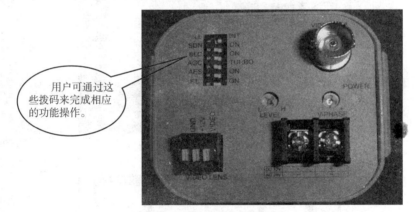

图 1.24 摄像机手动拨码开关

用户可根据需要对相应的拨码进行操作，完成功能设置。

2）逆光监控场景设置演示（背光补偿功能）

图 1.25 所示监控画面，是一个典型的逆光监控场景，需要对摄像机进行逆光补偿功能设置，使画面中的人物面部细节可以清晰分辨。

设置过程中的调试步骤为：根据镜头类型选择自动光圈或手动光圈模式；进入菜单操作，选择背光补偿选项，设置补偿区域；根据画面效果，适当设置光圈值。调试完成后的监控画面效果如图 1.26 所示。

3）环境亮度对比度大的监控场景设置演示（宽动态功能）

如图 1.27 所示，监控环境为光线变化较大的场景，该监控窗口逆光现象明显，无法看清室内环境。该场景需同时对室内与室外进行布控，监控画面需在逆光环境下同时能够看清窗外的物体与室内的物体，这就需要对摄像机进行宽动态功能设置。

图 1.25 逆光场景监控效果

图 1.26 逆光补偿设置目标效果

图 1.27 室内场景逆光效果

　　设置过程与调试步骤为：打开摄像机的 OSD 菜单，选择"宽动态"选项；进入宽动态设置后，有数值 1、数值 2 和对比度供用户根据不同需要进行设置；设置到图像满足监控需求后保存设置即可完成整个设置过程。图像应达到如图 1.28 所示的效果。

图 1.28　宽动态场景设置目标效果

　　图 1.28 中的数值 1 用于调节亮处数值，数值 2 用于调节暗处数值，对比度用于调节亮暗对比度的数值，一般宽动态适用于室内并且亮度对比较大的场景，如银行柜台。

　　4）路口车辆、车牌号监控演示（强光抑制、电子快门）

　　在夜间，车辆通过小区闸口时，因车辆灯光较强使视频画面无法识别车牌号码处的数字，视频图像效果如图 1.29 所示。

图 1.29　无强光抑制功能的摄像机拍摄强光下车牌的效果

　　在该场景的监控图像应满足在车速较快或较慢的情况下，白天和晚上都能看清楚车牌；特别在晚上汽车开启车灯时，摄像机也能正常监控，设备应对强光抑制与电子快门功能进行设置。

　　设置过程与调试步骤为：在曝光菜单中将曝光模式设置为"强光抑制"，将电子快门根据测试情况进行设置。

　　设置完成后，对夜间车辆的拍摄效果如图 1.30 所示。

　　3. 摄像机主要产品类型介绍

　　在市场上销售的摄像机包含多种型号类型，每一个型号的摄像机都有其适用的监控场景，现在以海康威视公司的摄像机产品为例介绍几种主要的摄像机。

　　1）模拟摄像机系列

　　（1）DS－2CC12C8T－IW3Z 同轴高清车牌照明摄像机。

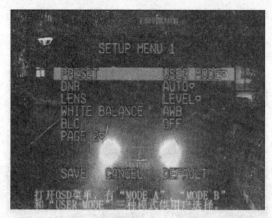

图1.30　开启强光抑制功能的摄像机拍摄强光下车牌的效果

图1.31所示为同轴高清车牌照明摄像机，采用130万逐行扫描，CMOS芯片，捕捉运动图像无锯齿；支持同轴高清输出，图像清晰、细腻，分辨率达720p；支持1路同轴高清输出和1路标清CVBS模拟输出；最低照度0.001 lx @（F1.2，AGC ON），0 lx with White Light（配合自带白色光源可在无光环境下正常工作）；支持OSD菜单控制；支持最大16倍慢快门功能；主要应用于小区、仓库、停车场出入口、道路卡口等一些需要车牌识别的场景。

（2）DS-2CC52C7T-VPIR超低照度红外防暴半球型摄像机。

图1.32所示为超低照度红外防暴半球型摄像机，采用130万逐行扫描CMOS，支持同轴高清输出，支持1路同轴高清输出和1路标清CVBS模拟输出；最低照度为：0.001 lx @（F1.2，AGC ON），0 lx with IR（自带红外光源，可在无光情况下正常工作）；支持ICR红外滤片式自动切换，具有自动彩转黑功能，可实现昼夜监控；支持OSD菜单控制；内置microphone（拾音器），支持1路音频输出；适用于监所、司法、银行ATM等室内广视角防暴场景。

图1.31　同轴高清车牌照明摄像机

图1.32　超低照度红外防暴半球型摄像机

（3）DS-2CE16D9T-IT3超宽动态红外防水筒型摄像机。

图1.33所示为超宽动态红外防水筒型摄像机，采用200万逐行扫描CMOS，支持同轴高清输出；支持1路同轴高清输出和1路标清CVBS模拟输出；最低照度为：0.01 lx @（F1.2，AGC ON），0 lx with IR（自带红外光源，可在无光情况下正常工作）；支持ICR红外滤片式自动切换，具有自动彩转黑功能，可实现昼夜监控；支持OSD菜单控制；支持慢快

门功能，可对快速移动物体的细节进行分辨；适用于道路、仓库、地下停车场、酒吧、管道等光线较暗或无光照的环境。

（4）DS-2CE56D9T-IT3 超宽动态红外防水半球型摄像机。

图 1.34 所示为超宽动态红外防水半球型摄像机，采用 200 万逐行扫描 CMOS，支持同轴高清输出，支持 1 路同轴高清输出和 1 路标清 CVBS 模拟输出，最低照度：0.01 lx @（F1.2，AGC ON），0 lx with IR（自带红外光源，可在无光情况下正常工作）；支持 ICR 红外滤片式自动切换，具有自动彩转黑功能，可实现昼夜监控；支持 OSD 菜单控制，支持慢快门功能，可对快速移动物体的细节进行分辨；支持同轴视控（Pelco-C 协议）功能，兼容 Pelco-C 同轴控制设备，具有万向调节机构，方便调节，可靠性高。适用于道路、仓库、地下停车场、酒吧、管道等光线较暗或无光照的环境，可根据需求控制监控方向、角度。

图 1.33　超宽动态红外防水筒型摄像机　　　　图 1.34　超宽动态红外防水半球型摄像机

（5）DS-2CS54C2T-ITS 红外半球型电梯广角摄像机。

图 1.35 所示为红外半球型电梯广角摄像机，采用 100 万逐行扫描 CMOS；支持同轴高清输出；最低照度，0.1 lx @（F1.2，AGC ON），0 lx with IR（自带红外光源，可在无光情况下正常工作）；支持自动彩转黑功能，实现昼夜监控；采用广角镜头，近距离大范围监控；支持自动电子快门功能，适应不同监控环境；支持自动电子增益功能，亮度自适应；内置 Mic，支持音频输入。适用于电梯等空间狭小的监控环境。

（6）DS-2CC51A2P-DG1 日夜型针孔摄像机。

图 1.36 所示为日夜型针孔摄像机，采用高性能 SONY CCD；分辨率高，为 700 TVL；最低照度为：0.002 lx @（F1.4，AGC ON），支持自动彩转黑功能，可实现昼夜监控；支持自动电子快门功能，能适应不同监控环境；支持自动电子增益功能，可实现亮度自适应。适用于银行 ATM 设备、电梯等需要隐蔽监控的场景。

图 1.35　红外半球型电梯广角摄像机　　　　图 1.36　日夜型针孔摄像机

（7）DS－2AF5023　5 寸高线高速智能球机。

图 1.37 所示为 5 寸高线高速智能球机，系统功能：采用 CCD
传感器；支持智能运动跟踪功能；电动机驱动、反应灵敏、运转平
稳、精度偏差小于 0.1 度；支持 RS－485 控制下对 Pelco－P/D 协
议的自动识别；支持三维智能定位功能，配合 DVR 和客户端软件
可实现点击跟踪和放大；支持断电状态记忆功能，上电后可自动回
到断电前的云台和镜头状态；支持内置温度感应器，可显示机内温
度；支持区域扫描和显示，若球机在设定的区域和设定的时间内没
收到控制命令则执行区域扫描，并显示区域名称。

图 1.37　5 寸高线高速
智能球机

机芯功能：23 倍光学变倍，16 倍数字变倍；支持自动光圈、自
动聚焦、自动白平衡、背光补偿和低照度（彩色/黑白）自动/手动
转换功能；支持隐私遮蔽；支持数字宽动态等功能。

云台功能：水平方向 360°连续旋转，垂直方向旋转角度为－5°～－90°，支持自动翻转，
无监视盲区；水平预置点速度最高可达 540°/s；垂直预置点速度最高可达 400°/s；水平键
控速度为 0.1°/s～300°/s，垂直键控速度为 0.1°/s～240°/s；支持 256 个预置位，并具有预
置点视频冻结功能；支持 8 条巡航扫描，每条可添加 32 个预置点；支持 4 条花样扫描；支
持比例变倍功能，旋转速度可以根据镜头变倍倍数自动调整。

可广泛应用于需要大范围高速监控的场所，如：河流、森林、公路、铁路、机场、港
口、岗哨、广场、公园、景区、街道、车站、大型场馆、小区外围等。

2）网络摄像机系列

（1）DS－2CD2155F－I　500 万像素 1/3″CMOS ICR 日夜型半球网络摄像机。

图 1.38 所示为 500 万像素 1/3″CMOS ICR 日夜型半球网络摄像机，最高分辨率可达 5M
（2 560×1 920 @ 12.5 fps），并可输出 3M（2 048×1 536 @ 25 fps）实时图像；采用 ROI、
SVC 等视频压缩技术；支持 Micro SD/SDHC/SDXC 卡（128 G）本地存储；支持 wifi 功能
（选配）；支持一对输入输出音频，支持语音对讲（选配）；支持三轴调节，安装调试方便；
采用高效红外灯，照射距离可达 10～30 m；ICR 红外滤片式自动切换，可实现日夜监控；
支持三码流，支持手机监控；支持走廊模式、背光补偿、数字宽动态、自动电子快门功能，
适应不同监控环境；支持多种智能报警功能；防暴等级高。适用于道路、仓库、地下停车
场、酒吧、管道、园区等光线较暗或无光照环境且要求高清画质的场所。

图 1.38　500 万像素 1/3″CMOS ICR 日夜型半球网络摄像机

（2）DS－2CD2820FWD　200 万像素 1/3″CMOS ICR 日夜型枪型网络摄像机。

图 1.39 所示为 200 万像素 1/3″CMOS ICR 日夜型枪型网络摄像机，最高分辨率可达
1 920×1 080 @ 30 fps；采用 ROI 等视频压缩技术，压缩比高，适应不同场景下对图像质
量、流畅性的不同要求；支持 GBK 字库，支持更多汉字及生僻字叠加；支持 OSD 颜色自

选；支持 Micro SD/SDHC/SDXC 卡（128 G）本地存储；ICR 红外滤片式自动切换，可实现日夜监控；支持日夜两套参数独立配置；支持 120 dB 超宽动态；支持双码流，支持手机监控；支持走廊模式、背光补偿、自动电子快门功能，适应不同监控环境；支持越界侦测、区域入侵侦测等智能报警功能。

图 1.39　200 万像素 1/3" CMOS ICR 日夜型枪型网络摄像机

适用于金融、电信、政府、学校、机场、工厂、酒店、博物馆、交通监控等要求高清画质且光线较暗的场所，且适合逆光环境。

（3）DS – 2DY9336W – A　一体化网络云台摄像机。

图 1.40 所示为一体化网络云台摄像机，采用最新 H. 265 视频压缩算法，压缩比高、图像质量好；采用高性能传感器，图像清晰，最大分辨率可达 2 048 × 2 536；支持 PAL/NTSC 制式切换，具有良好的地区适用性；支持三维智能定位功能，配合 DVR/客户端软件/IE 可实现点击跟踪和放大功能；支持系统双备份功能，确保数据断电后不丢失；支持断电状态记忆功能，上电后可自动回到断电前的云台和镜头状态；防雷、防浪涌、防突波；支持定时任务预置点/花样扫描/巡航扫描/自动扫描/垂直扫描/随机扫描/帧扫描/全景扫描/辅助输出等功

图 1.40　一体化网络云台摄像机

能；36 倍光学变倍，16 倍数字变倍；支持自动光圈、自动聚焦、自动白平衡、背光补偿；支持超低照度，0.02 lx/F1.6（彩色），0.002 lx/F1.6（黑白）；支持多边形隐私遮蔽，多区域可设，多颜色、马赛克可选；拥有智能雨刷模式，可自动根据天气情况进行雨刷清洁工作；支持以太网控制，同时支持模拟输出；可通过 IE 浏览器和客户端软件观看图像并实现控制；支持 MicroSD/SDXC 存储；支持 IPv4/IPv6、HTTP、HTTPS、802.1x、QoS、FTP、SMTP、UPnP、SNMP、DNS、DDNS、NTP、RTSP、RTP、TCP、UDP、IGMP、ICMP、DHCP、PPPoE 等多种网络协议；支持 1 路音频输入和 1 路音频输出；水平方向 360°连续旋转，垂直方向旋转范围为 –90°（向下）~40°（上仰），无监视盲区；水平预置点速度最高可达 100°/s，垂直预置点速度最高可达 40°/s。

项目知识 2　镜头的主要参数与选型

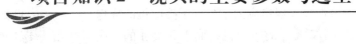

摄像机镜头是视频监视系统的关键设备，它的质量（指标）直接影响摄像机的最终成像效果，因此，摄像机镜头的选择是否恰当直接关系到视频监控系统质量的好坏。为了适应不同的监控环境和要求，需要配置不同规格的镜头。比如在室内的重点监视，要进行清晰且大视场角度的图像捕捉，需配置广角镜头；在室外的停车场，既要看到停车场全貌，又要能看到汽车的细节部位，这时候需要广角和变焦镜头；在边境线、海防线的监控，需要超远图像拍摄，这时需要长焦镜头。

一、镜头的基本概念

在评价镜头质量时一般会从分辨率、明锐度和景深等几个实用参数来判断，另外从镜头的光学特性方面来说，还包括了成像尺寸、焦距、相对孔径和视场角等 4 个参数，下面简单介绍以上参数的概念。

1. 分辨率

镜头的分辨率又称鉴别率、解像力，指镜头清晰分辨被摄景物纤维细节的能力，制约镜头分辨率的原因是光的衍射现象，即衍射光斑（爱里斑）。镜头分辨率指的是在像平面处 1 mm 内能分辨开的黑白相间的线条对数，分辨率的单位是"线对/毫米"（lp/mm）。

2. 明锐度

镜头的明锐度也称对比度，是指图像中最亮和最暗部分的对比度。对比度越高，该镜头对外接色彩的还原性就越好。

3. 景深

在镜头当前焦点的前后，光线开始聚集和扩散，点的影像变得模糊，形成一个扩大的圆，这个圆叫作弥散圆。如果弥散圆的直径小于人眼的鉴别能力，则在一定范围内实际影像产生的模糊是不能辨认的，这个不能辨认的弥散圆就称为允许弥散圆。在焦点前后各有一个允许弥散圆，这两个弥散圆之间的距离就叫景深，如图 1.41 所示。

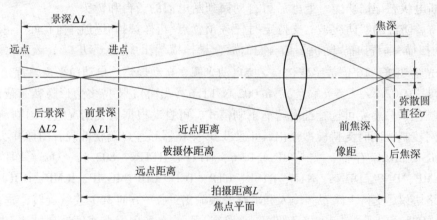

图 1.41　景深示意图

4. 成像尺寸

镜头的成像尺寸规格与摄像机内的 CCD 传感器芯片一样，也分为 1/2 英寸、1/3 英寸等，一般选取镜头的成像尺寸规格应大于或等于摄像机的成像尺寸规格。例如，1/2 英寸的镜头可用于 1/2 英寸、1/3 英寸的摄像机；而 1/3 英寸的镜头只能用于 1/3 英寸的摄像机，不能用于 1/2 英寸的摄像机，这是因为 1/3 英寸镜头的光通量只有 1/2 英寸镜头的光通量的 44%，不能满足 1/2 英寸的摄像机的光通量要求。

5. 焦距

焦距是指镜头的透镜中心到图像聚集焦点处的距离，单位一般为毫米或英寸。

当已知被摄物体的大小及该物体到镜头的距离，则可根据以下公式估算所选取配镜头的焦距。

利用被摄物体的宽度计算：

$$f = w \cdot D/W$$

利用被摄物体的高度计算：

$$f = h \cdot D/H$$

式中，f——镜头焦距，mm；

    w——图像的宽度（被摄物体在 CCD 靶面上的成像宽度），mm；

    W——被摄物体的宽度，m；

    D——被摄物体至镜头的距离，m；

    h——图像高度（被摄物体在 CCD 靶面上的成像高度），mm；

    H——被摄物体的高度，m。

在进行焦距计算时，应考虑到被摄物的外形特征，如被摄物体为一宽 30 m、高 5 m 的单位大门，则在进行焦距计算时应使用 $f = w \cdot D/W$ 这一公式计算，保证被摄物可以整体进入到监控画面内。

6. 相对孔径

对镜头的进光量需要由镜头的所谓"孔径光阑"（Diaphragm）即光圈来控制。孔径光阑都是位于镜头内部，通常由多片可活动的金属叶片（称为光阑叶片）组成，可使中间形成的（近似）圆孔变大或者缩小，以达到控制通过光量大小的目的。

对于不同的镜头而言，光阑的位置不同、焦距不同，入射瞳直径也不相同，用孔径来描述镜头的通光能力，无法实现不同镜头的比较。为了方便在实际摄影中计算曝光量，使用统一的标准来衡量不同镜头的孔径光阑的实际作用，故采用"相对孔径"的概念。

$$相对孔径 = 镜头焦距/入射瞳直径 = f/d$$

7. 视场角

镜头有一个确定的视野，镜头对这个视野的高度和宽度的张角称为视场角。视场角与镜头的焦距 f 及摄像机的靶面尺寸（水平尺寸 h 及垂直尺寸 v）的大小有关，镜头的水平视场角 ah 及垂直视场角 av 可分别由下式来计算，即：

$$ah = 2\arctan\ (h/2f)$$

$$av = 2\arctan\ (v/2f)$$

可知，镜头的焦距 f 越短，其视场角越大；或者摄像机靶面尺寸（h 或 v）越大，其视场角也越大。对于同一款摄像机，使用不同焦距的镜头其获得的视场角是不同的，如图 1.42 所示。

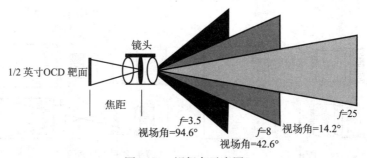

图 1.42 视场角示意图

因视场角的计算较为麻烦，一般工程上会根据摄像机靶面尺寸与镜头焦距值形成的视场角对应表进行查表估算。具体表格如表 1.5 所示。

表 1.5　摄像机靶面尺寸与镜头焦距值形成的视场角对应表

	焦距	1.0	1.5	1.8	2.0	2.4	2.5	2.8	3.0	3.5	3.6
水平 视场角	1″	162.1	153.4	148.3	145.0	138.6	137.0	132.4	129.4	122.3	120.9
	2/3″	154.4	142.4	135.5	131.1	122.8	120.8	115.1	111.4	103.0	101.4
	1/2″	145.3	129.8	121.3	116.0	106.3	104.0	97.6	93.7	84.9	83.3
	1/3″	134.8	116.0	106.3	100.4	90.0	87.7	81.2	77.3	68.9	67.4
	1/4″	121.9	100.4	90.0	84.0	73.7	71.5	65.5	61.9	54.4	53.1
	焦距	1.0	1.5	1.8	2.0	2.4	2.5	2.8	3.0	3.5	3.6
垂直 视场角	1″	156.5	145.3	138.9	134.8	126.9	125.0	119.5	116.0	107.8	106.3
	2/3″	146.3	131.1	122.3	117.6	107.9	105.7	99.4	95.5	86.6	85.0
	1/2″	134.8	116.0	106.3	100.4	90.0	87.7	81.2	77.3	68.9	67.4
	1/3″	121.9	100.4	90.0	84.0	73.7	71.5	65.5	61.9	54.4	53.1
	1/4″	106.9	84.0	73.7	68.0	58.7	56.7	51.5	48.5	42.2	41.1

二、镜头与摄像机的接口对接

镜头和摄像机之间的接口有许多不同的类型，工业摄像机常用的包括 C 接口、CS 接口、F 接口、V 接口、T2 接口、徕卡接口、M42 接口、M50 接口和 M12 接口等。接口类型的不同和镜头性能及质量并无直接关系，只是接口方式的不同，一般可以也找到各种常用接口之间的转接口。

C 接口和 CS 接口是工业摄像机最常见的国际标准接口，为 1 英寸－32UN 英制螺纹连接口，C 型接口和 CS 型接口的螺纹连接是一样的，区别在于 C 型接口的后截距为 17.5 mm，CS 型接口的后截距为 12.5 mm。

CS 型接口的摄像机可以和 C 型接口及 CS 型接口的镜头连接使用，只是使用 C 型接口镜头时需要加一个 5 mm 的接圈；C 型接口的摄像机不能用 CS 型接口的镜头。两种接口的摄像机与镜头之间的匹配关系如图 1.43 所示。

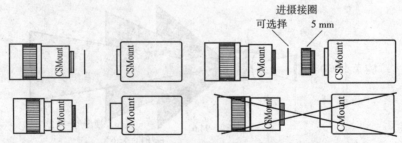

图 1.43　C/CS 型接口摄像机与镜头之间的匹配关系

项目知识3　后端设备的功能与选型

在视频监控系统中，后端设备包括矩阵、硬盘录像机、显示器等设备，这些设备起到视频信号分配、保存、显示、前端设备控制、操作等功能，是视频监控系统的重要组成部分，在系统中具有非常重要的作用。下面介绍几种常用的后端设备。

一、矩阵的主要功能与设置

矩阵（又称矩阵主机）的最基本功能就是把任意一个通道的图像显示在任意一个监视器上，且相互不影响，又称"万能切换"，一般还具备了如序列切换、分组切换、群组切换、图像巡游等功能。同时一些控制器、操作杆等摄像机控制设备也连接在矩阵上。矩阵在模拟视频监控系统中是必不可少的设备之一。下面以 DS－C50 系列矩阵为例，学习矩阵的主要功能与操作方法。DS－C50 系列矩阵外观如图 1.44 和图 1.45 所示，对应接口功能如表 1.6 和表 1.7 所示。

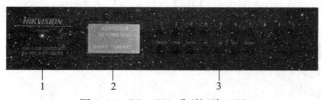

图 1.44　DS－C50 系列矩阵正面

图 1.45　DS－C50　系列矩阵的背面

表 1.6　DS－C50　系列矩阵的正面接口功能说明

序号	说　　明
1	电源指示灯
2	系统状态显示屏，用于显示切换状态、参数设定信息等
3	系统按键，用于设置参数、切换通道

表 1.7　DS－C50　系列矩阵的背面接口功能说明

序号	说　　明
1	BNC 视频信号输入
2	BNC 视频信号输出
3	RS－232 输入接口，用于远程调试设备
4	电源开关，用于开启设备
5	RS－232 输出接口，用于级联矩阵

1. 矩阵按键操作功能介绍

面板主要由按键和显示屏两部分组成，显示屏用于适时显示切换状态、参数设定等信息。界面与按键控制：面板的主要控制按键为：数字键 0 ~ 9、【SWITCH】、【VIEW】、【SETUP】、【Up】、【Down】、【ESC】、【Enter】。矩阵开机后在 system monitor 中显示矩阵的基本信息和矩阵的基本设置，例如：HIKVISION：DS – C50B3232、【000】、【9600】这三项分别表示设备型号、设备号、串口波特率。若在 30 s 之内无操作，则 system monitor 会自动切换为关闭状态，下面按照按键来依次说明。

【SWITCH】：通道切换按钮，按下该按钮后 system monitor 上将显示：【OUT】【IN】。可以通过数字键选择输出端口及输入端口。可以通过【ESC】键取消操作。通道切换设置的命令顺序为：【输出通道号】 + 【输入通道号】。

例如：将第 1 通道视频输入切换到第 6 通道视频输出，则按【06】 + 【01】键。

注意：用 0 作为输入通道可以关闭指定的输出通道。

例如：关闭输出通道 2 视频，则按【02】 + 【00】键。

【VIEW】：【VIEW】按键用来浏览通道切换状态，可以与【Up】、【Down】配合使用，上、下翻页完成对视频当前输出状态的浏览。

【SETUP】：【SETUP】按键用来和【Up】、【Down】及数字键结合，设置该矩阵设备号、波特率及串口代码。

【Up】、【Down】：用来上下移动进行选择。

【ESC】：取消操作或返回基本菜单。

【Enter】：确认操作。

2. 矩阵软件功能介绍

打开客户端软件，在配置 232 串口信息的区域，将软件 232 的串口信息与当前连接的模拟矩阵匹配，如果设备没有级联，那么【级联类型】选择【无】，此时，【01 设备 ID】手动输入当前矩阵的 ID 号。然后单击【连接串口】，客户端会弹出连接等待的画面。当串口连通时，客户端会出现如图 1.46 所示的画面，证明控制计算机和矩阵已经连通，可以通过软件对矩阵进行控制操作。

例如：将 1 通道的输入切换到 2 通道输出，那么只需要在客户端软件上面找到【输入 01】与【输出 0】的交叉点，用鼠标单击一下，选中该节点即可。

在模拟矩阵的前面板做了切换操作之后，客户端不会时时地读取到矩阵当前的状态，需要单击【刷新状态】，客户端软件才会读取到设备上面的当前状态信息。如果需要断开与矩阵的连接，单击【修改参数】，即可断开控制计算机与矩阵的连接。如果需要将全部的输入通道视频关闭，单击【全部关闭】即可，如图 1.47 所示。

3. 设备常见故障检修

设备不能开启正常工作：原因可能为电源故障，检查电源保险以及连接线。

设备输出图像闪烁：原因可能为信号干扰较大，检查信号连接电缆及插头是否良好、电缆是否符合规范要求、系统接地是否良好、设备之间的交流电源地线系统是否一致。

设备偶尔不受控或级联不成功：原因可能为通信不可靠，检查信号连接电缆以及插头是否良好。

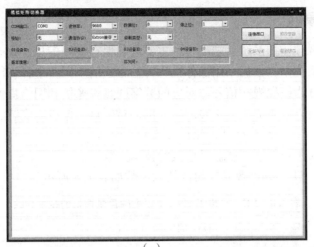

（a）

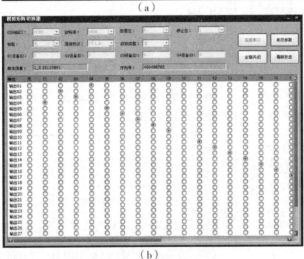

（b）

图 1.46　矩阵操作菜单

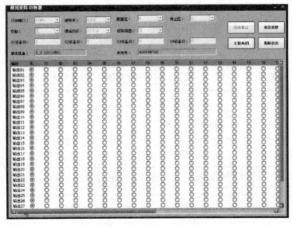

图 1.47　通道关闭设置操作

二、硬盘录像机

硬盘录像机在视频监控系统后端设备中主要起到保存视频信息、查寻、回放视频信息等功能。在视频监控系统中，根据采用摄像机、传输方式的不同要选择不同的硬盘录像机。大体上，硬盘录像机分为模拟视频信号源对应的数字硬盘录像机和网络摄像机对应的网络硬盘录像机两大类。下面以海康威视的主要产品为例，对硬盘录像机的安装、调试进行学习。

1. DS-9100HFH-ST 系列硬盘录像机（模拟视频信号输入）

1）DS-9100HFH-ST 系列硬盘录像机的技术参数

DS-9100HFH-ST 系列硬盘录像机的技术参数如表 1.8 所示。

表 1.8　DS-9100HFH-ST 系列硬盘录像机的技术参数

项目	型号	DS-9104HFH-ST	DS-9108HFH-ST
视音频输入	视频压缩标准	H.264	
	HD-SDI 视频输入	4 路	8 路
		HD-SDI 接口（电平：800 mVpp，阻抗：75 Ω）	
	支持的 HD-SDI 摄像机类型	1080I 60，1080I 50，1080P 30，1080P 25，720P 60，720P 50，720P 30，720P 25	
	音频压缩标准	OggVorbis	
	音频输入	4 路	8 路
		RCA 接口（电平：2.0 Vpp，阻抗：1 kΩ）	
	语音对讲输入	1 个，RCA 接口（电平：2.0 Vpp，阻抗：1 kΩ）	
视音频输出	HDMI/VGA 输出	1 路，分辨率：1 920×1 080/60 Hz（1 080P），1 600×1 200/60 Hz，1 280×1 024/60 Hz，1 280×720/60 Hz，1 024×768/60 Hz	
	CVBS 输出	1 路，BNC 接口（电平：1.0 Vpp，阻抗：75 Ω）分辨率：PAL 制式 704×576；NTSC 制式 704×480	
	视频编码分辨率	主码流：1 080P/720P/4CIF/CIF；子码流：CIF/QCIF	
	视频帧率	主码流：1/16—RealTime（25/30/50/60）；子码流：1/16—RealTime（25/30）	
	视频码率	32~16 384 Kbps	
	音频输出	2 路，RCA 接口（线性电平，阻抗：600 Ω）	
	音频码率	16 Kbps	
	码流类型	复合流/视频流	
	双码流	支持	

项目	型号	DS－9104HFH－ST	DS－9108HFH－ST
硬盘驱动器	回放分辨率	1 080P/720P/4CIF/CIF	
	同步回放	4 路	8 路
	回放分辨率	1 080P/720P/4CIF/CIF	
	类型	8 个 SATA 接口，1 个 eSATA 接口	
	最大容量	每个接口支持容量小于 4 TB 的硬盘作为录像盘	
	网络接口	2 个，RJ45 10 M/100 M/1 000 M 自适应以太网口	
	串行接口	1 个，标准 RS－485 串行接口	
		1 个，标准 RS－232 串行接口	
		1 个，键盘 485 串口	
	USB 接口	3 个，USB 2.0	
	报警输入	4 路	16 路
	报警输出	2 路	4 路
其他	电源	AC 220 V，47 ~ 63 Hz	
	功耗（不含硬盘）	≤40 W	≤55 W
	工作温度	－10 ℃ ~ 55 ℃	
	工作湿度	10% ~ 90%	
	机箱	19 英寸标准 2U 机箱	
	尺寸	445 mm（宽）×470 mm（深）×90 mm（高）	
	质量（不含硬盘）	≤8 kg	

2）硬盘录像机中的硬盘安装方法步骤

硬盘录像机需要在主机内安装一个或多个大容量硬盘用以保存视频信号内容，具体安装步骤如下。

（1）用螺丝将硬盘固定在直插支架上，如图 1.48 所示。

（2）用钥匙打开面板锁，如图 1.49 所示。

图 1.48 硬盘固定

图 1.49 打开面板锁

（3）参照图 1.50 所示方向按下面板两侧锁扣，打开前面板。

（4）参照图 1.51 所示方向，将硬盘缓慢插入。

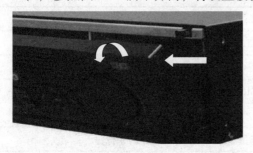

图 1.50　打开前面板

图 1.51　插入硬盘

（5）听到"咔咔"的声音后，代表该硬盘已安装牢固，如图 1.52 所示。

（6）重复以上步骤，完成其他硬盘安装后，合上机箱前挡板，并用钥匙将其锁定，如图 1.53 所示。

图 1.52　硬盘安装牢固

图 1.53　锁定前挡板

3）硬盘录像机后面板接口功能及连接说明

DS-9108HFH-ST 后接口板如图 1.54 所示。

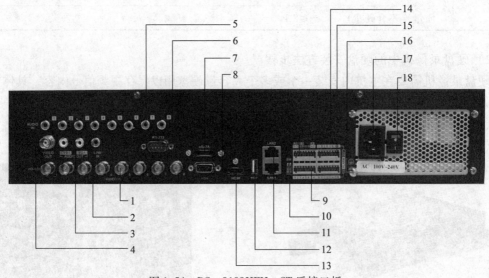

图 1.54　DS-9108HFH-ST 后接口板

1—SDI 视频输出；2—语音对讲输入；3—CVBS/VGA 音频输出；4—视频输出；5—音频输入；6—RS-232 串行接口；7—eSATA 接口；8—VGA；9—报警输入接口；10—SW 拨码开关；11—LAN 以太网口；12—USB 接口；13—HDMI 接口；14—RS-485 串行接口；15—报警输出；16—接地端；17—电源输入；18—电源开关键

硬盘录像机后面板的报警输入（ALARM IN）接口、报警输出（ALARM OUT）接口如图 1.55 所示。

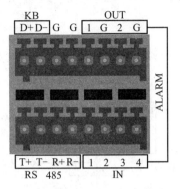

图 1.55 硬盘录像机报警输入接口、报警输出接口的连线

报警输入为开关量（干节点）输入，若报警输入信号不是开关量信号（如电压信号），则请参考如图 1.56 所示的连接方式。

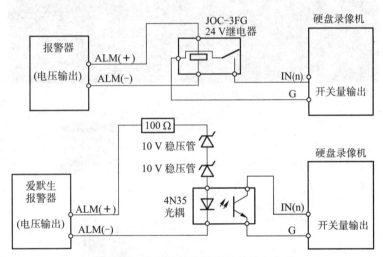

图 1.56 非开关量报警信号的接入方式

报警输出接直流或交流负载时，请参考如图 1.57 所示连接方式。

请注意主板上的 JPA1 短接子的不同用法。当外部接直流负载时，JPA1 两种方式均可安全使用，同时建议在 12 V 电压、1 A 电流限制范围内使用。当外部接交流负载时，JPA1 必须跳开，即拔掉主板上的相应短接子；为保证安全，外接交流负载时推荐使用外接继电器（具体接线方法见图 1.57）。主板上有两个短接子，每个报警输出对应一个，分别是 JPA1、JPA2，出厂时均是短接的，当直接接交流负载时必须拔掉短接子。

RS-485 云台解码器的连接如图 1.58 所示。

设备提供接信号线的绿色弯针插头，接线步骤如下：

RS-485 云台解码器连接硬盘录像机的 T+、T-端；拔出插在硬盘录像机上 RS-485 的绿色弯针插头；用微型一字螺丝刀按下橙色端子，将信号线放进插孔内，松开螺丝刀；将接好的插头卡入相应的绿色弯针插座上。

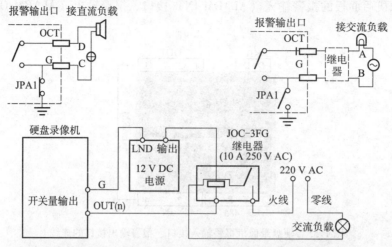

图 1.57 接直流或交流负载报警输出的接线方式

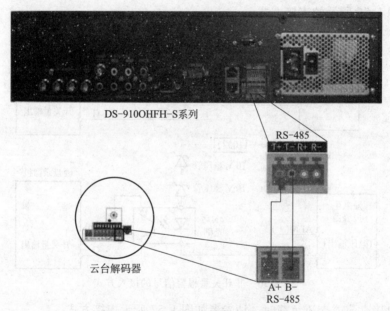

DS-910OHFH-S系列

图 1.58 RS－485 云台解码器的连接

连接控制键盘如图 1.59 所示,硬盘录像机后面的 KB 端即为键盘接口,图中左侧设备为控制键盘后端接口。

设备提供接信号线的绿色弯针插头,接线步骤如下:

拔出插在硬盘录像机上 KB 的绿色弯针插头;用微型一字螺丝刀按下 KB 的橙色端子,将 RS－485 控制键盘的 Ta、Tb 信号线分别放进硬盘录像机的 D＋、D－插孔内,松开螺丝刀;将接好的插头卡入相应的绿色弯针插座上即可。

4)硬盘录像机控制菜单系统

硬盘录像机的控制菜单很多,功能很复杂,因篇幅关系无法逐一介绍。菜单系统结构如图 1.60 所示,可方便地在设置时进行查询。

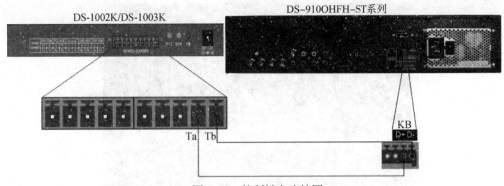

图 1.59 控制键盘连接图

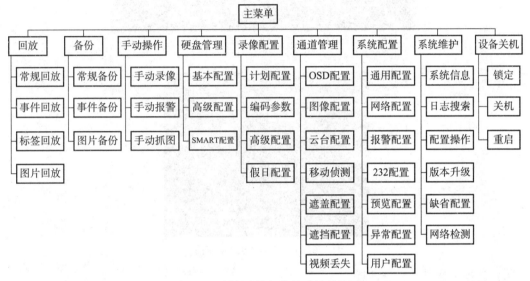

图 1.60 硬盘录像机菜单系统结构图

5）硬盘录像视频回放

（1）录像即时回放。

如图 1.61 所示，在预览状态，鼠标左键选中通道，选择预览便捷菜单的 ▨，回放所选通道的 5 min 内的录像。

（2）全天快捷回放。

①单画面预览状态：右击，在快捷菜单中选择［全天回放］，回放当前预览通道的当天全部录像；

②多画面预览状态：右击，在快捷菜单中选择［全天回放］，回放鼠标指针所在通道的当天全部录像。

③单画面预览状态：选择［放像］键，回放当前预览通道的全天录像；

④多画面预览状态：选择［放像］键，回放左上角第一个通道的全天录像，如图 1.62 所示。

图 1.61　录像即时回放

图 1.62　单通道全天快捷回放

6）硬盘录像机的容量计算

录像数据存储在高速磁盘设备上，存储的图像数据采用标清或高清格式，录像数据应保存 30 天以上。存储的图像数据可通过输出接口以时间、通道等方式进行检索，允许用户实时检索、调用录像。

实际系统建设可按照不同区域设定存储格式和存储时间，但今后增加设备空间要预留。

（1）存储网络的存储容量计算。

单个通道 24 小时存储 1 天的计算公式为：

$$\sum（GB）=码流大小（Mbps）\div 8\times 3\ 600\ s\times 24\ h\times 1\ 天\div 1\ 024$$

标清 D1（720 × 576）格式：按 1.5 Mbps 码流计算，存放 1 天的数据总容量为：1.5 Mbps ÷ 8 × 3 600 s × 24 h × 1 天 ÷ 1 024 = 15.8 GB。

30 天需要的容量为：$\sum$（GB）= 15.8 GB × 30 天 = 474 GB

以 16 个通道为例：$\sum$（TB）= 474 × 16 ÷ 1 000 = 7.584（TB）

（2）存储设备配置。

以 16 个标清通道（D1 格式）保存 30 天为例：计算存储总量为 7.584 TB，格式化后的总容量 = 7.584 ÷ 0.9（格式化损失容量比例）≈ 8.427（TB）。

2. DS－96000N－H（F）系列网络硬盘录像机

网络硬盘录像机可以直接通过互联网与网络摄像机进行视频信号的传输，网络硬盘录像机的视频输入支持网络摄像机、网络快球、网络视频服务器与交换机等网络设备接入，适合远程、大范围监控，目前在交通系统、大型物流公司、大型小区等监控场景中会采用网络视频监控系统进行监控。优点在于前端设备与后端设备之间不需要专门建立传输系统，可直接利用局域网或互联网络完成视频信号的传输。但是与模拟监控系统不同，网络硬盘需要对网络内的每一个监控设备进行 IP 设置与管理，下面就以 DS－96000N－H16 型号的网络硬盘录像机为例学习其主要功能与设置方法。

1）面板及接口介绍

DS－96000N－H16 网络硬盘录像机的后面板接口及作用如图 1.63 所示。

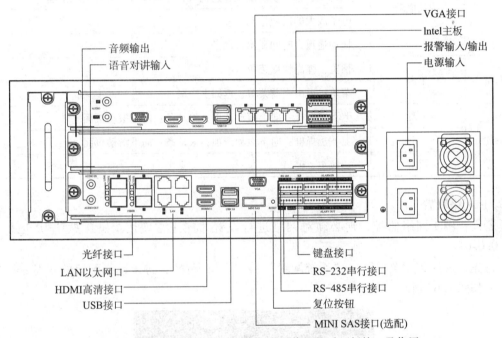

图 1.63　DS－96000N－H16 网络硬盘录像机的后面板接口及作用

网络硬盘录像机内主板接口及作用如图 1.64 所示。

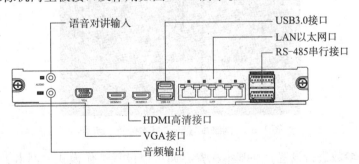

图 1.64　DS－96000N－H16 网络硬盘录像机内主板接口及作用

2）鼠标操作功能说明

在设备的 USB 接口连接鼠标后，可以通过鼠标对设备进行操作。具体的可实现的操作参见表1.9。

表1.9　鼠标操作功能说明

名称	动作	说明
左键	单击	预览：选中画面，显示 IP 通道快速添加图标（未添加 IP 设备通道）或显示预览便捷菜单（已添加 IP 设备通道）
		菜单：选择、确认
	双击	在预览、回放状态下，单画面、多画面显示切换
	按住拖动	在云台控制状态下，控制方向转动
		在遮盖、移动侦测及视频遮挡报警区域设置中设置区域范围
		电子放大的区域拖动
		拖动通道、时间显示滚动条
右键	单击	预览：弹出快捷菜单
		菜单：退出当前菜单，返回上一级
滑轮	上滑	上下选择框：向上滚动选项；滚动条：向上滚动页面
	下滑	上下选择框：向下滚动选项；滚动条：向下滚动页面
	双击	切换主、辅口

3）网络设置

若设备用于网络监控，则必须对网络进行设置才能正常使用。出厂默认 IP 地址为：192.0.0.64。

首先，选择"主菜单"→"系统配置"→"网络配置"，进入网络配置的"基本配置"界面，如图1.65 所示。

图1.65　网络配置的"基本配置"界面

然后对网络参数进行设置，在基本配置界面可以设置工作模式、网卡类型、IPv4 地址、IPv4 网关、IPv4 掩码、MTU、DNS 服务器等参数。

最后，单击应用保存设置即可。

4）录像计划设置

　　硬盘录像机的存储容量都是有限的，在一天当中并不是所有时间段都需要进行实时监控，有一些监控点只需要在特殊的时间段开启录像功能即可，如幼儿园教室内的监控系统主要目的是监控教室上课情况，只需要在上课的时间段内开启录像功能即可。这样可以使硬盘保存更多日期的监控记录，所以一般情况下监控系统使用时都会对硬盘录像机进行录像计划设置。

　　录像计划的具体设置方法如下：

　　首先，选择"主菜单"→"录像配置"→"计划配置"。进入"录像计划"界面，如图 1.66 所示。

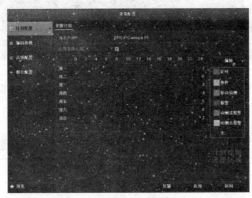

图 1.66　硬盘录像机"录像计划"界面

　　然后，在右侧的计划绘图选择区域（已用框体框出）中，根据录像需求，单击"定时""移动侦测""报警"等选项进行绘图配置。一天最多支持 8 个时间段（不同颜色的区域），超过上限则操作无效，绘图区域最小单元为 1 小时。

　　当用户确定录像计划的颜色选项后，鼠标进入周一至周日的录像计划表，鼠标指针自然变成绘图笔样式。单击定位绘制区域的起点，拖动鼠标确定录像计划的时间，松开鼠标左键红色区域将保存为录像计划，如图 1.67 所示。重复以上步骤，设置完整的录像计划。

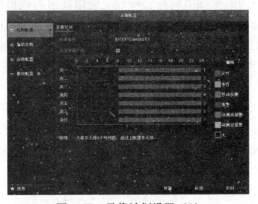

图 1.67　录像计划设置（1）

　　录像计划设置完成后，通道将呈现所需设置的录像计划的状态（颜色），如图 1.68 所示，单击"复制"，可将当前通道设置的录像计划复制到其他通道。

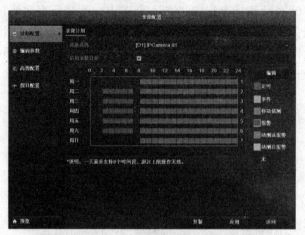

图 1.68　录像计划设置（2）

最后，单击"应用"，保存设置。

项目知识4　视频监控系统设计与工程实施（实训项目）

一、银行营业厅模拟视频监控系统的设计与施工

1. 项目需求分析

银行营业厅对监控系统的性能要求较高，同时因银行行业的特殊性，出于信息安全的考虑一般都采用模拟视频监控系统。营业厅一般分为客户活动区域、ATM 自助服务区域以及内部办公区域。不同区域的监控需求是不同的，但每一区域均需实现无死角监控。客户活动区域在银行下班后一般无客户互动，主要在白天营业时间内对进出银行的客户行为进行监控，并可以分辨进出客户的面部细节特征，所以应使用高清彩色摄像机，同时应根据摄像机监控位置的光线情况选择具有宽动态、逆光补偿功能的摄像机；ATM 自助服务区域需要 24 小时对外开放，夜间提供照明光源，并且在夜间无人值守的情况下仍需对客户提供服务，同时 ATM 服务区空间比较狭小，结合以上情况应选取视场角较宽的红外半球摄像机（防止停电或照明系统遭到破坏）与彩色半球摄像机，因光源开启前会有一个自然光线逐渐变暗的过程，所以应该选取带自增益功能的摄像机保证画面亮度稳定，同时所有摄像机应选取带有防爆功能的产品；内部办公区域为银行员工办公、活动的场所，该区域内应实现重点区域昼夜无死角监控、柜台区域对营业员操作过程实施监控，故主要使用视角较宽的半球形摄像机，考虑到下班后办公区域没有光源，故应采用红外高清摄像机。

2. 项目整体设计

图 1.69 所示为某银行营业厅安防、监控系统设计图。

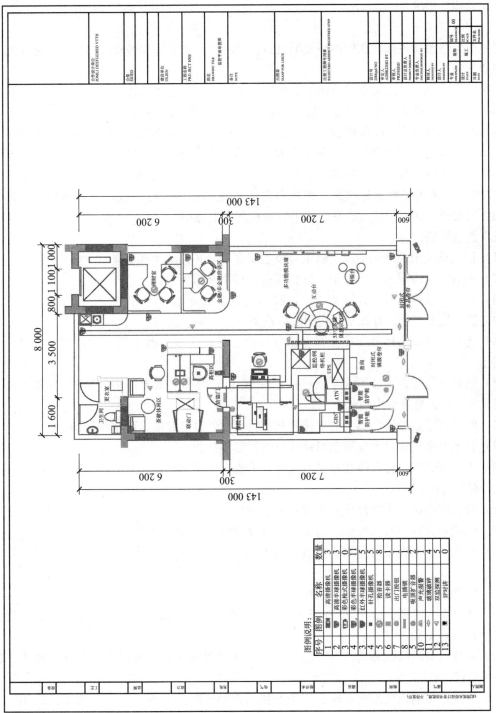

图 1.69　某银行营业厅安防、监控系统设计图

在图中，可以看到不同区域采用了不同类型的摄像机以满足监控需求。请根据需求，为每一类型的摄像机选择具体的产品型号，选型时应注意该型号产品的主要参数与功能是否满足营业厅的监控需求。

3. 项目实施

组织学生按照相关标准在模拟环境下进行模拟施工，在实际视频监控工程中，施工过程应按照如下施工标准进行。

安装摄像机时，在满足监视范围的情况下，尽量选择靠近桥架接口的位置安装，摄像机到桥架的部分，选择走吊顶架空层，以便不影响建筑内部的美观和整洁。

线路由机房引出直接端接至前端系统，按照一点对多点的方式进行敷设端接，路由应短捷、安全可靠、施工维护方便，应避开恶劣环境条件或易使线损坏的区域，不能与其他管线等障碍物交叉跨越。监控系统线路的敷设尽量利用桥架，桥架不到之处需敷设 PVC 管或金属管，220 V 电源线必须分管敷设。根据各施工电缆的长度进行配线，尽量避免电缆的接续，如必须接续，则把接续点放在桥架中，并在图纸上标明。

线路敷设原则：

（1）依据施工图及现场情况，确定每段管路穿墙、转角的手孔位置。

（2）所有线路应采取管路保护，并宜暗敷在墙里及吊顶里。

（3）按每段管路划线，开过墙孔，打眼固定管卡或支架，使用的管卡、管架、盒等线路器件应符合技术要求，有施工结构图的应按图的技术要求制定。

（4）无论线管丝接还是套接，都要求在穿线前管内无铁屑及毛刺，切断口应锉平，管口应刮光。

（5）暗敷线管弯曲半径不小于管径的 10 ~ 20 倍，弯曲夹角不得小于 90°，弯曲表面不应有明显的不平折皱及弯扁缺陷。

（6）明装或暗装线管、有关的支持物和器材必须经过镀锌或涂防锈漆处理。

（7）管道暗设应在其内安置牵引线或拉线，以备穿线。

（8）管道安装应保持管线的水平与垂直，不得有扭曲变形。

配管配线原则：

（1）管内穿线必须在维修抹灰工程完毕后进行。

（2）线缆布放前应检查规格、程式、路由及位置是否与设计规定相符。

（3）穿引线，清理管内异物。如有水分，则需要干燥的抹布牢系在铁丝上，带入管内来回擦干。

（4）穿线前应确定线缆长度，作好预留。

（5）线缆穿入管前，应作好统一记号，以免穿好后接头搞错，穿线前对占用超过管面积 30% 的应涂滑石粉。

（6）穿线时应顺线的方向放开，防止弄乱，削去线缆保护层与引线（铁丝）接牢，把线合在一起接入管内。

（7）线缆在管内或线槽内不应有接头或扭结，导线的接头应在接线盒内焊接或用端子连接。

（8）不同系统、不同电压等级、不同电流类别的线路，不应穿在同一管内或线槽的同一槽孔内。

摄像机安装：安装前应先完成支架或吊架的安装，然后进行摄像机的定位。摄像机、监视器以及控制台的安装应符合技术说明书的要求。摄像机的安装必须牢固，应装在不易振动、人们难以接近的场所，以便看到更多的东西。鉴于技防工程的特殊要求，摄像机一律加装防护罩。应满足监视目标视场范围要求，并具有防损伤、防破坏能力。安装高度：室内距离地面尽可能不低于 2.5 m，室外距离地面不低于 3.5 m。在高压带电的设备附近安装摄像机时，应遵守带电设备的安全规定。摄像机信号导线和电源导线应分别引入，并用金属管保护，不影响摄像机的转动。一体化球形摄像机安装在支架上后应固定，转动时无晃动。安装原则为：

（1）将摄像机逐个通电进行检测和粗调，保证摄像机处于正常工作状态后方可安装。

（2）在室外应用时摄像机要加防护罩，以起到防水和防尘的作用，应检查摄像机在防护罩内的坚固情况，检查防护罩的雨刷动作。

（3）普通摄像机在夜间使用时，要保证有足够的照明，应采用自动光圈镜头。

（4）从摄像机引出的电缆宜留 1 m 的余量，不得影响摄像机的转动，摄像机的电缆和电源线均应用护套保护并固定。

（5）先对摄像机进行初步安装，经通电试看、细调，检查各项功能，观察监视区域的覆盖范围和图像质量，符合要求后方可固定。

监控中心设备安装：

监视器要求图像清晰，切换图像稳定。电视监控系统控制台所用的交流电源的安装应符合电气安装标准和消防要求。在监控机房装修完成并且电源线、接地线、视频线、控制线敷设完毕后，方可将机柜及控制台运入安装。机柜的底座应与地面固定，机柜安装应平直、平稳，垂直偏差不得超过 1%，几个机柜并排在一起，面板应在同一平面上并与基准线平行，前后偏差不得超过 3 mm，中间缝隙不得大于 3 mm。控制台与墙面净距离不得小于 1.2 m。主要通道的间距不得小于 1.5 m，次要通道不得小于 0.8 m，机柜侧、背面离墙的净距离不得小于 0.8 m。监控室内的电缆理直后从地板下（一般为防静电地板）桥架引入机柜、控制台底部，再引到设备处。安装原则为：

（1）控制台安装应安放竖直、台面水平，台内接插件和设备接触应可靠，安装应牢固，内部接线应符合设计要求，无扭曲脱落现象。

（2）监控室内电缆的敷设应采用地槽或墙槽，电缆应从机架、控制台底部引入。

（3）监视器装设在固定的机架和机柜上，当装在柜内时，应采用通风散热措施。

（4）监视器的安装位置应使屏幕不受外来光直射，当有不可避免的光时，应加遮光罩遮挡。

（5）监视器的外部可调节部分应安装在便于操作的位置。

4. 项目调试、检测

1）视频监控系统的调试

视频监控系统安装完成后，应连接矩阵、硬盘录像机、监视器观察视频图像效果，对在需要逆光、宽动态监控场景内的摄像机进行功能设置，达到清晰的监控效果。

调试顺序为分设备调试（或自检）、分系统调试、系统联调。调试的设备有：万用表、场强仪、示波器、逻辑笔、小型监视器、彩色信号发生器、噪声发生器、波形监视器、扫频的专用测试器。

单项的测试一般在安装设备前进行。能够进行单项调试的设备及调试内容有：摄像机的调试（如：电子快门、逆光处理、增益控制等）、配合镜头的调整、终端解码器的自检、云台转角限位的测定和调试以及其他一些能独立进行调试的设备、部件调试、检测。

分系统的调试包含两方面的内容。一个按其功能作用划分；另一个是按所在部位或区域划分。

当单项设备的调试及分系统的调试进行完毕后，可进行系统工程联调。在系统联调中最重要的是电源的匹配正确性，其次是信号线路的连接正确性、对应关系的正确性。在系统联调过程中，可以完成某些性能指标的测试。

2）视频监控系统的检测

（1）检测内容。

①系统功能检测：摄像机的防拆、防破坏等纵深防御功能检测；云台转动、镜头、光圈的调节、调焦、变倍、图像切换、防护罩功能的检测。

②图像质量检测：在摄像机的标准照度下进行，进行图像的清晰度、灰度、系统信噪比、电源干扰、单频干扰、脉冲干扰等检测。

检测方法：系统功能检测采用主观评价法，检测结果按《彩色电视图像质量主观评价方法》GB 7401 中的五级损伤制评定，主观评价应不低于四级。图像质量检测采用客观测试。若清晰度、灰度在客观测试中已检测为合乎规定，可对噪声及各种干扰信号进行主观评价。

③系统整体功能检测。

根据系统设计方案进行功能检测。包括：电视监控系统的监控范围、现场设备的接入率及完好率；开通稳定运行时间；矩阵监控主机的切换、遥控、编程、巡检、记录等功能；系统的跟踪性能等。

对数字视频录像式监控系统还应检测主机宕机的记录、图像显示和记录速度、图像质量、对前端设备的控制功能，以及通信接口功能、远端联网功能等。

对数字硬盘录像监控系统除检测其记录速度外，还应检测记录的检索、查找等功能。

④系统联动功能检测。

对电视监控系统与安全防范系统其他子系统的联动功能进行检测，包括入侵报警系统等的联动控制功能。

⑤电视监控系统工作站应保存至少 1 个月（或按合同规定）的图像记录。

（2）摄像机抽检的数量应不低于10%，当摄像机数量少于 10 台时应全部检测。被抽检设备的合格率为 90% 时为合格。系统功能和联动功能全部检测，合格率为 100% 时才为合格。

二、校园网络监控系统的设计与施工

1. 项目需求分析

高校是国家人才培养的重要场所和机构，随着我国高等教育的不断深化及发展，高校教育规模的扩大，占地广、校区分散、人员密集、防范意识差等诸多因素，让高校安防与其他领域相比更具有特殊性，同时因高校开放、包容的人文环境更使高校结构日渐社会化，如宿舍、食堂、浴池、保洁、保卫、饮水等职能部门的公开化、社会化、责任制、外包制，高校校园治安问题日益突出。据调查，目前高校存在的主要安全问题有交通安全事故；火灾事故；盗窃案件；打架、吸毒、杀人、诈骗、强奸、抢劫等刑事案件；溺水、体育活动意外伤害事故；食物中毒、自杀等安全事故等。

由于高校周边的环境越来越复杂，而安全管理规范不健全、安全防范意识差、人员和车辆流动性增大、校园车辆安全事故也容易发生。安全管理人员少、巡检范围大等因素导致原有的人防、物防措施以及少数重点部位采取的技防措施已远远不能适应高校安全发展的需要。因此，以视频监控为核心的大安防系统，可以帮助高校在人力防范的基础上，采用先进的高清、智能监控技术，对校园进行全方位、全天候的全面监控，最大限度地减少各种安全隐患。通过联网集中管理平台，即构建一个多层次、多功能、反应迅速、信息共享的指挥调度体系，可以全天候受理紧急报警求助信息，为领导随时掌握校园动态情况、从容处理各类复杂的突发事件、准确迅速地调度指挥奠定坚实的基础。同时，高校安防系统还可以与城市安防系统进行无缝对接，为平安城市建设贡献力量。

高校安防管理主要是对高校内人、车、物品及重要事件的管理。人的管理主要是保证校内教职工及学生安全；车辆的管理如校内车辆非法停靠、出入口车辆的管理等；物品管理主要是针对学校的重点区域内的贵重物品的管理，如财务室、重点实验室等；事件管理主要是防火、防盗、学校重大群体活动等。归纳起来，校园安防的主要需求如下：

（1）如何防止不法分子入侵校园。

（2）校园开展重大活动时如何保证安全。

（3）校园重点实验室物品如何防盗。

（4）校园车辆如何管理。

（5）图书馆人流量如何做到有效控制。

（6）火灾事故如何避免。

（也可以自己高校的校园环境为参考，对校园安防需求进行分析，提出校园视频监控系统需求。）

2. 项目整体设计

1）设计目标

本方案针对高校行业的特色，充分考虑高校业务应用系统集成，依靠先进的设备和科学的管理，利用行业最新技术，将计算机技术、自动控制技术、通信与信息处理技术等先进技术相结合，应用适度超前的先进、适用、优化集成的成套技术体系和成熟的设备体系，为高校的用户提供一套人性化、安全、舒适、方便、快捷、开放的环境，最终实现技术防范与人力防范、实体防范相结合的目标。

2）设计原则

高校因其占地面积广、建筑分散、人员密度高、教学科研仪器众多等因素，故其对安全防范系统有不同于其他行业的特殊要求，高校安全防范系统在设计时应根据实际需求，遵循技术先进、功能齐全、性能稳定、节约成本等原则，并综合考虑维护及操作因素，为今后的发展、扩建、改造等因素留有扩充的余地。本系统的设计是系统的、完整的、全面的；设计方案具有科学性、合理性、可操作性。其具有以下原则。

（1）经济性与实用性：高校的安防系统追求的是实用性，要充分考虑高校安防系统实际需要和信息技术的发展趋势，根据高校的现场环境，设计选用功能适合现场情况、符合高校安防要求的系统配置方案，通过严密、有机的组合，实现最佳的性能价格比，以便节约工程投资，同时保证系统功能实施的需求，经济实用。

（2）可靠性：高校是国家人才培养的重要场所和机构，聚集着众多知识分子及求学青年，安防系统的建设起着对在校人员的保障作用，因此系统的可靠性至关重要。本系统基于可靠的网络通信技术，能确保系统级别的高稳定性和可靠性，满足 7×24 小时、全年 365 天的全天候、长期稳定运行。

（3）稳定性：高校安防系统的设计具有较高的稳定性，系统采用的产品都是在实际应用中得到各行业领域用户认可的，系统具有一整套完成的系统管理策略，可以保证系统的运行安全稳定。

（4）扩展性：高校紧跟社会科技发展的步伐，高校安防系统设计需考虑到今后技术的发展和使用的需要，具有更新、扩充和升级的功能。根据今后高校的实际要求扩展系统功能，同时本安防系统设计中留有冗余，以满足今后的发展要求。

3）设计标准

系统建设应依据国家相关法律规章、国家和行业相关标准、相关研究成果等资料进行规划设计，具体如下：

（1）城市联网监控报警系统设计方面：

《城市监控报警联网系统技术标准》（GA/T 669—2008）

《跨区域视频监控联网共享技术规范》（DB33/T 629—2007）

公安部关于城市报警与监控系统的建设、管理、应用规范性文件（公安部科技信息化局汇编 2009 年 3 月）

（2）视频监控系统设计方面：

《中华人民共和国公安部行业标准》（GA/T 70—1994）

《视频安防监控系统技术要求》（GA/T 367—2001）

《民用闭路监视电视系统工程技术规范》（GB 50198—1994）

《工业电视系统工程设计规范》（GBJ 115—1987）

《安全防范系统通用图形符号》（GA/T 75—2000）

《道路交通安全违法行为图像取证技术规范》（GA/T 832—2009）

《机动车号牌图像自动识别技术规范》（GA/T 833—2009）

《闯红灯自动记录系统通用技术条件》（GA/T 496—2009）

《建筑及建筑群综合布线工程设计规范》（GB/T 50311—2000）

公安部《警用地理信息系统系列标准规范》

（3）视频监控图像质量方面：

《电视视频通道测试方法》（GB 3659—1983）

《彩色电视图像质量主观评价方法》（GB 7401—1987）

（4）视频系统网络设计方面：

《信息技术　开放系统互连　网络层安全协议》（GB/T 17963—2000）

《计算机信息系统安全》（GA 216.1—1999）

《计算机软件开发规范》（GB 8566—1988）

（5）视频系统工程建设方面：

《安全防范工程程序与要求》（GA/T 75—1994）

《安全防范工程技术规范》（GB 50348—2004）

《电子计算机机房设计规范》（GB 50174—1993）

《建筑物防雷设计规范》（GB 50057—1994）

《建筑物电子信息系统防雷技术规范》（GB 50343—2004）

《安全防范系统雷电浪涌防护技术要求》（GA/T 670—2006）

《民用建筑电气设计规范》（JGJ/T 16—1992）

4）系统结构

系统结构如图 1.70 所示。

5）前端监控点设计

前端摄像机是整个视频监控系统的原始信号源，主要负责各个监控点处现场视频信号的采集，并将其传输给视频处理设备。监控前端的设计将结合学校实际监控需要选择合适的产品和技术方法，保障视频监控的效果。

作为监控系统的视频源头，摄像机对整套监控系统起着至关重要的作用。对摄像机的基本要求是：图像清晰真实、适应复杂环境、安装调试简便。

（1）图像真实清晰——摄像机种类很多，其本源是内部核心部件"图像传感器 + 数字处理芯片"，针对不同的行业有完全不同的优化方案。比如：广播电视系统的图像处理偏艳丽，这是符合观众的视觉需求。相对而言，视频监控系统对图像的要求是真实还原，尤其是图像的色彩应与现场一致，比如：人的肤色、衣着颜色、车辆颜色等。此外镜头倍数也将影响用户捕获图像的景深，广角取景能获取全景概况，长焦取景能获取人脸面部特征，因此，用户对图像要求与使用场景密切相关。当然，在特殊场景下还需要特殊功能进行匹配，比如：超低照度、宽动态等。

（2）适应复杂环境——与硬盘录像机、交换机所处环境不同，摄像机一般都置于风吹日晒的环境下，天气变化都会影响摄像机的工作。耐高温、抗雷击、防水防尘等应达到相关指标，摄像机应能在恶劣环境下正常工作。有些环境下室外摄像机护罩内应该有加热、除湿等装置，防水防尘级别应该达到 IP66，内部电路应该具备防浪涌保护设计，抗 3 000 V 雷击。

（3）安装调试简便——摄像机多安装于难以摘取的位置，因此使用过程中的再度调试是较麻烦的，且增加维护成本。摄像机应该提供 OSD 操作菜单，供用户远程调试及参数修改。此外，建议为摄像机用 UPS 集中供电以保证电源洁净，防止串扰。

6）监控点的选择

视频监控系统主要由前端摄像机组成，根据现场不同的环境和应用，选用不同的摄像机，在出入口选择红外摄像机及快速球机，在楼梯口和走廊设置红外枪式摄像机及宽动态红外摄像机，在周界可以选用红外摄像机和快速球机，在高校室外开阔区域选用室外球型摄像机等。应按如下描述来确定基本设置及类型选型。

如图 1.71 所示，整个学校高校监控系统可以分为三道防线。

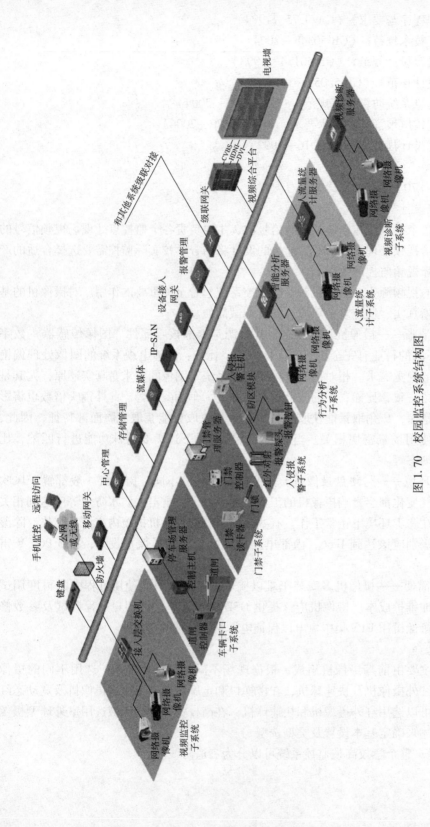

图 1.70 校园监控系统结构图

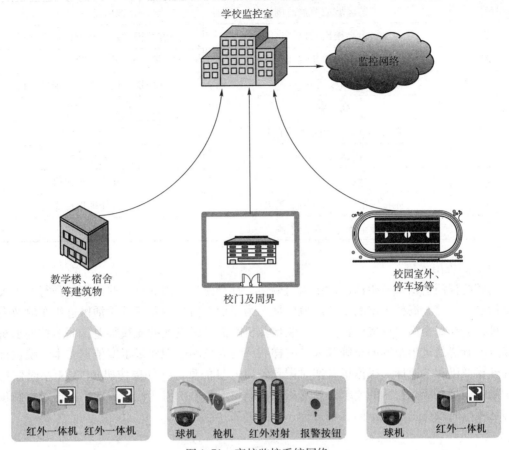

图 1.71 高校监控系统网络

第一道防线：高校周界、大门出入口，该部分主要采用"入侵报警＋周界监控＋出入口监控"的方式来实现。通过分析以往发生的高校事件，发现犯罪分子主要是通过学校出入口强行闯入高校，所以视频监控一定要把好出入口关，预防并及时发现隐患。高校周界采用室外快球摄像机和红外摄像机全天候记录视频信息；大门出入口及其他与外界相通的出入口，应选用能全天候清楚地辨别出入人员面部特征及机动车牌号的摄像机。

入侵报警系统发出报警信号后，监控中心人员及时动作，视频监控定位事故发生区域，视频监控可实现与报警系统的联动，由此可实现有目的的、精确的跟踪。

第二道防线：高校内室外包括操场、生活区室外道路、主要路口等，该部分主要采用室外快球摄像机。

第三道防线：各教学楼、办公楼、图书馆、实验楼、宿舍楼、体育场馆及餐厅等，通过安装在大门出入口、楼梯口、走廊等位置包括红外摄像机等不同类型的摄像机来实现对相应区域内的监控；在教室、实验室、图书阅览室等地点采用红外半球摄像机。

高校视频监控系统设施基本配置如表 1.10 所示。

表 1.10　高校视频监控系统设施基本配置

序号	安装区域或覆盖范围	选用设备类型
1	高校出入口	红外摄像机、智能球形摄像机
2	高校传达室	红外半球摄像机
3	高校周界	红外摄像机、智能球形摄像机
4	高校室外	智能球形摄像机
5	各楼出入口（包括宿舍门口）	宽动态摄像机
6	楼梯口、走廊	红外摄像机
7	教室、实验室	红外半球摄像机
8	体育场馆、剧院及图书馆大厅	红外智能球形摄像机
9	停车场、单车停车棚	红外摄像机

（1）高校出入口。

高校的校门进出口及生活区的出入口颇多，社会人员往往通过这些出入口强行闯入校园或生活区，是整个高校重要的安全防范区域，为了加强对高校及高校生活区进出车辆及人员的管理，需在每个门口设置监控点。安装摄像机时需考虑夜晚的光线很差，而监控要求每个监控点要看清楚进出车辆的车牌和人员的样貌，为高校的管理提供事实依据。本系统设计固定红外摄像机和快速球形摄像机，实时记录各出入口信息。红外摄像机负责 24 小时监控整个场景，满足系统无盲区的要求；球形摄像机满足监控系统灵活性的要求，可通过定制预置位等在不同时段分别监视不同区域目标，如图 1.72 所示。

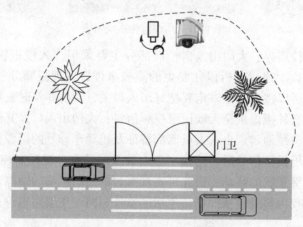

图 1.72　高校校门监控区域

（2）高校周界。

高校及学生生活区周边的围墙一般都是多边形，是整个高校安全防范最弱的区域，为了减少人力防范，防止犯罪分子及盗贼翻墙进入，需在周边围墙设置多个监控点。考虑到夜晚围墙的光线很差，并且要求每个监控点可监看范围大，同时为了达到较好的防护级别，本系统采取快速球形摄像机与红外摄像机相互配合实现全方位、24 小时、无盲点的监控。摄像机安装在周界保护范围内，摄像机安装时不留盲点，其布置如图 1.73 所示。

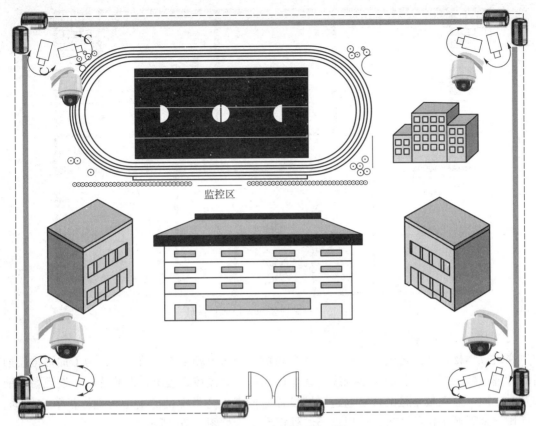

图 1.73 校园边界监控区域

（3）高校室外。

高校室外包括生活区的室外道路，这些区域由于人员活动量很大，也极易产生争执，严重的话可能发生打斗情况，严重影响学校的正常管理，故需要在此设置监控点。由于室外监控的范围很大，故需要采用一体化智能高速球形摄像机进行全景监控，如图 1.74 所示。

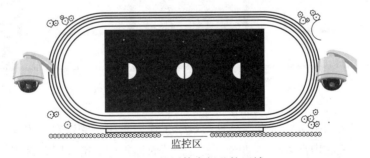

图 1.74 校园体育场监控区域

（4）各楼出入口。

高校各栋楼的进出口、宿舍门口颇多，是整个高校安全防范的重点区域之一，为了加强对各个楼口进出人员的管理，需在各楼口区域设置监控点。考虑到要求能看清楚进出人员的样貌，本区域有全天候工作的要求，所以选择带宽动态功能的红外摄像机，如图 1.75 所示。

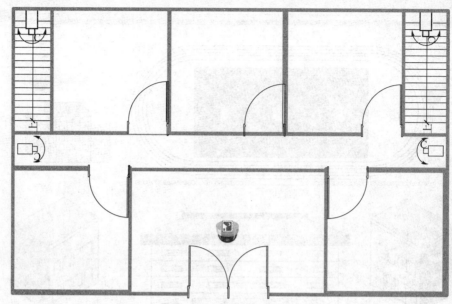

图 1.75　校园建筑出入口监控区域

（5）楼梯口、走廊。

高校教学楼的楼层通道非常多，是整个高校安全防范的重点区域之一，为了加强楼层通道的管理，减少巡逻人员的劳动强度，让监控人员实时监控到楼层通道的情况，发现警情能够及时处理，需在教学楼的楼层通道区域设置监控点，为教学楼的安全管理提供事实依据，本区域有全天候工作的要求，所以选择红外摄像机，如图 1.76 所示。

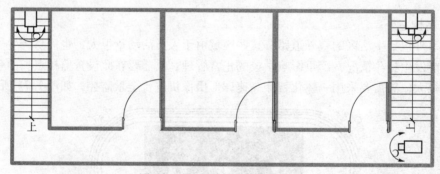

图 1.76　校园建筑走廊监控区域

（6）教室、实验室、图书馆阅览室。

教室、实验室及图书馆阅览室等是日常教学工作、学生翻阅资料的主要场所，聚集的人群众多，必须实时关注内部人员的动向，发生警情时监控中心能及时掌握现场情况并采取必要措施，在实现监视功能的同时不影响美观，本区域选用红外半球形摄像机，并选用广角镜头，实现大区域的实时监控。

（7）体育场馆、剧院及图书馆大厅。

高校的建设都离不开体育馆、图书馆等文体场所，有的高校还建有游泳馆等，这些区域都有一个共性，在室内但开阔、人群聚集。

体育馆（游泳馆）及剧院是高校举办大型活动的场所，包括多个出入通道、主席台、看台、球场、更衣室、运动员休息室和播音室等，届时将有大量师生到场，同时还包括各级领导，人员众多且复杂，并且场内光线变化大，这对高校的保安系统是一个考验；同时体育馆又是举办各种赛事的场地，并且很多赛事都会安排在夜晚进行，运动场上难免会有些磕磕碰碰，如果处理不当可能就会酿成严重后果；需要在这些区域吊顶安装带红外夜视功能的智能球形摄像机，考虑到游泳馆常年空气湿度大，建议采用室外球形摄像机。

图书馆是高校的信息中心，安保区域包括进出大厅、楼道、电梯厅、图书借阅室、电子浏览室、自习区等，每天都有大量师生来这里探索知识，往往图书馆又只有一个大厅通道，每天进出人员众多，特别是期末前，学生都会选择前往图书馆自学，这就给图书馆的安保人员带来了压力，需要在图书馆大厅吊顶安装带红外夜视功能的智能球形摄像机。

（8）停车场、单车停车棚。

高校停放车辆面积广泛，是整个高校安全防范的薄弱环节，为了加强停车场、单车棚车辆和人员的管理，减少巡逻人员的劳动强度，让监控人员实时监控到停车场、单车棚的情况，发现警情能够及时处理。需在停车场、单车棚区域设置监控点，考虑到停车场、单车棚光线差，并且要求能看清楚车辆停放和人员活动情况，为停车场、单车棚安全管理提供事实依据，本区域有全天候工作的要求，所以选择红外摄像机。

7）传输设计

（1）传输方式的类型。

视频监控系统中，视频信号的传输是整个系统非常重要的一环，这部分的造价虽然所占比重不大，但关系到整个视频安防监控系统的图像质量和使用效果，因此要选择合理的传输方式。目前，在高清监控系统中最常用的传输介质是双绞线、光纤等。

①视频双绞线传输。

视频双绞线基带传输是用 5 类以上的双绞线，利用平衡传输和差分放大原理。这种传输方式的优点是线缆和设备价格便宜、传输距离相对较远。

②光纤传输。

光纤传输技术是远距离传输最有效的方式，传输效果也都公认得好，适用于几千米到几十千米以上的远距离视频传输。具体实施是通过光缆把视频编码信号传输到监控中心的汇聚交换机上进行监控和存储；控制信号通过汇聚交换机传输到前端设备，完成对前端高清摄像机的控制。

根据两种传输方式的特性，在本方案的视频安防监控系统中，两种传输方式比较如下：

图像质量：光纤＞超五类非屏蔽双绞线；

传输距离：光纤＞超五类非屏蔽双绞线；

布线成本：光纤＞超五类非屏蔽双绞线。

根据本次监控系统的整体构架及高校实地情况，针对不同场合、不同的传输距离，应选择不同的传输方式。

室外场所一般距离监控中心较远，且因监控中心信号有防雷的要求，宜选用光纤传输方式传输信号，可有效避免视频信号受雷击、静电干扰和破坏，确保视频信号稳定可靠地采集和传输。

由于本次视频监控系统采用纯网络架构，因此室内的监控点只需通过网线接入到就近弱电室的接入交换机上，距离超出 100 m 的可考虑采用光纤传输。

当必须穿越复杂电磁环境时（如附件有大功率电动机），建议采用光纤传输方式。生活区分控中心与校区的监控中心采用光纤传输。

（2）电源及控制信号传输。

前端摄像机建议采用 UPS 统一供电，UPS 供电线路部署到每栋楼或室外弱电箱，通过变压后输出给前端摄像机，直流供电线路采用 RVV2×1.0。

3. 项目实施

在模拟环境中让学生对各类网络摄像机进行模拟安装、调试，练习摄像机与网络硬盘录像机直连、经交换机连接或通过无线网络连接，完成在模拟环境中的网络视频监控系统的施工、调试过程。本书以海康威视系列网络摄像机产品为例进行讲解。

1）网络连接

网络摄像机与计算机之间常用的连接方式主要有两种，如图 1.77 和图 1.78 所示。

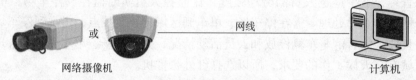

图 1.77 通过网线直连

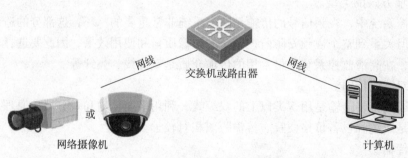

图 1.78 通过交换机或路由器连接

网络摄像机的网口与 HUB 相连的双绞线（直通线）线序如图 1.79 所示。

网络摄像机的网口与 PC 机相连的双绞线（交叉线）线序如图 1.80 所示。

| 1 白橙 ——————— 白橙 1 |
| 2 橙 ——————— 橙 2 |
| 3 白绿 ——————— 白绿 3 |
| 4 蓝 ——————— 蓝 4 |
| 5 白蓝 ——————— 白蓝 5 |
| 6 绿 ——————— 绿 6 |
| 7 白棕 ——————— 白棕 7 |
| 8 棕 ——————— 棕 8 |

图 1.79　网络摄像机的网口与 HUB
相连的双绞线线序

图 1.80　网络摄像机的网口与
PC 机相连的双绞线线序

2）网络配置

在通过有线网络访问网络摄像机之前，首先需要获取它的 IP 地址，用户可以通过 SADP 软件（设备网络自动搜索软件）来搜索网络摄像机的 IP 地址。无线网络摄像机使用之前需要先连接有线网络来配置无线参数，无线配置请参考"无线参数配置"。

运行随机光盘里面的 SADP 软件，安装完成后打开计算机桌面上的快捷方式。软件窗口会自动显示出当前局域网中正在运行的网络摄像机的 IP 地址、端口号、子网掩码、设备序列号以及软件版本等信息，如图 1.81 所示。

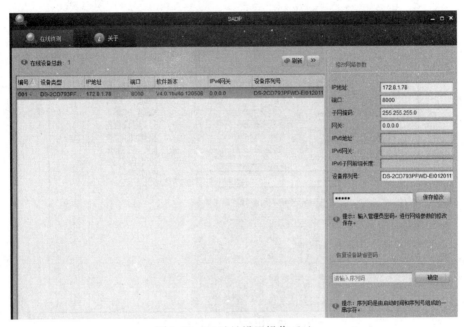

图 1.81　IP 地址设置操作（1）

在 SADP 软件中，单击需要修改 IP 地址的设备行，在窗口右侧即会显示出当前选中设备的 IP 地址、端口、子网掩码、网关，用户可根据实际网络需要输入新的 IP 地址、子网掩码、端口号、网关，在右侧中间空白栏填写管理员口令（默认：12345），单击"保存修改"，即可修改设备的 IP 地址，如图 1.82 所示。

需要注意，网络摄像机出厂默认 IP 为"192.0.0.64"，超级用户为"admin"，用户密码为"12345"，端口为"8000"。

4. 项目调试、检测

利用网络硬盘录像机与显示器对系统进行运行、调试，具体方法与本项目知识中的银行营业厅施工中的方法一致。

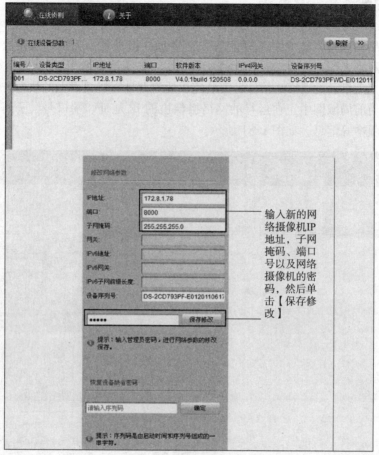

图 1.82　IP 地址设置操作（2）

项目二

门禁对讲系统

【教学导航】

主要学习任务	小区门禁对讲系统； 公共场所门禁管理系统； 停车场门禁管理系统； 门禁对讲系统设计与工程实施	参考学时	18
学习目标	熟悉门禁对讲系统工程的构成； 具备门禁对讲系统主要设备选型的能力； 具备门禁对讲系统方案设计、施工的能力； 掌握门禁对讲系统工程的相关标准、规范		
学习资源	多媒体网络平台、教材、PPT、视频等；一体化安防系统工程实验室；模拟建筑物施工场地；绘图桌等		
教学方法、手段	引导法、讨论法、演示教学、项目驱动教学法		
教学过程设计	门禁对讲系统联动案例→播放门禁对讲系统录像动画→给出工程案例→分析系统构成→激发学生学习兴趣，做好学前铺垫		
考核评价	理论知识考核（40%），实操能力考核（50%），自我评价（10%）		

　　门禁是人类对能够通行的各种通道进行安全防备、管理的一种重要手段。门禁系统作为现代安全管理系统的重要组成部分，通过采用机械技术、电子技术、通信技术、生物识别技术等各种新技术，解决了人类对出入口安全防范管理的需求。

　　随着社会经济的发展，城镇化进程的加快，人们对人流、车流的管理要求也越来越高，门禁系统的应用范围也越来越广泛。门禁系统也由对单一出入口的控制，逐渐发展成一套完整的现代化的门禁管理系统。现代门禁管理早已不是以前的门道及钥匙管理，而是一个集门禁控制、考勤管理、安防报警、停车场控制、电梯控制、楼宇自控等多种控制功能于一体的联动控制系统。

日常生活中常见的门禁系统有：钥匙门禁系统、密码门禁系统、接触卡门禁系统、非接触卡门禁系统、指纹门禁系统、人脸识别门禁系统等。这些门禁系统广泛应用于小区、停车场、宾馆、政府办公机构、学校、机房、银行、工厂等。在提升生活品质、提高生产效率、增强管理水平等方面起到了不可替代的作用。

"门"是保护人类生命财产的重要屏障，同时"门"也起到了维护社会稳定、规范社会行为的功能。传统上对"门"即出入口的管理采用的是机械门锁。随着社会的发展，人类对机械门锁的结构、机理已经研究得非常透彻，无论采用多么坚固的材料，多么合理的设计总有人能通过各种手段把它打开。加上在一些人员流量大的出入口（例如酒店、学校、写字楼等）对钥匙的管理非常繁杂。如果钥匙丢失或人员变动更是要把锁和钥匙一起更换。由此看出机械门禁系统也越来越难以满足人们对出入口管理的要求了。为了满足人们对出入口管理更为方便、安全的要求，电子门禁系统开始进入人们的生活。出现了各种各样的电子门禁系统，例如电子磁卡锁、电子密码锁等，这些门禁系统的出现从一定程度上提高了人们对出入口管理的现代化程度。随着这类电子门禁系统的不断推广，其本身的缺陷也逐渐暴露出来。例如磁卡锁的故障多、信息容易复制、安全系数较低。电子密码锁的密码容易泄露等问题。近年来，门禁对讲系统作为楼宇智能化的一部分已成为住宅建设的一个有机组成，在住宅小区的安全防范中起到积极的作用。门禁系统经历了跨越式的发展，出现了各种技术成熟可靠的门禁系统。例如感应卡式门禁系统、指纹门禁系统、虹膜门禁系统、面部识别门禁系统、乱序键盘门禁系统等各种技术的系统，这些门禁系统在安全性、方便性、易于管理等方面各有特色。

由此可以看出，门禁系统大致经历了3个发展阶段：机械门禁系统、电子门禁系统、生物识别门禁系统。

【项目知识】

项目知识1　小区门禁对讲系统

随着经济的发展和住宅的不断增加，居民对小区安全管理的要求也越来越高。采用访客登记的管理方法已无法适应人们的需要。小区门禁对讲系统作为单元门出入管理的方法，具有安全可靠、经济有效、管理方便的特点。小区门禁对讲系统可以实现访客通过室外主机呼叫与室内分机（住户）双方通话对讲，住户同意后遥控开启防盗门，访客方可进入楼内，从而限制了非法人员进入。住户在家中遭遇抢劫或突发疾病时，还可通过该系统通知保安人员以得到及时的支援和处理。

小区门禁对讲系统具有连线少、户户隔离不怕短路、户内不用供电、待机状态不耗电、不用专用视频线、稳定性高、性能可靠、维护方便等特点。在实际使用中，单元门室外主机和单元门室内分机是小区门禁对讲系统的重要组成部分，针对不同的小区应选择合理的系统才能满足用户的需求。下面分别针对室外主机与室内分机进行专门的学习。

一、单元门室外主机的主要参数与施工

室外主机是门禁对讲系统的主要设备，其主要功能有呼叫室内分机、呼叫管理中心机、开闭门锁。除此之外一些厂家生产的室外主机还有一些辅助功能，例如红外辅助光源、夜间辅助键盘背光、回铃音提示、键音提示、呼叫提示以及各种语音提示等功能。近几年来，随着感应卡门禁技术、人脸识别技术等的发展，室外主机的性能日益完善，图2.1和图2.2为常见的门禁对讲设备及系统结构。

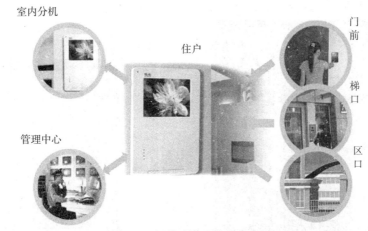

图2.1 门禁对讲系统室内分机

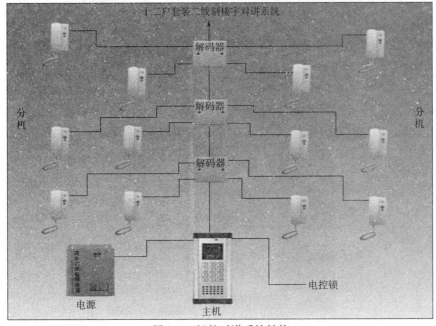

图2.2 门禁对讲系统结构

下面主要对市场上最常见的室外主机的主要参数、性能指标进行介绍。

1. 室外主机的分类和组成

在选取室外主机时，人们会从外观、功能、稳定性等不同的性能指标出发，根据这些参数的特点以及产品的价格等方面综合考虑选择合适的室外主机。

1）室外主机的分类

（1）按图像采集性能分类。

按照室外主机的图像采集性能，可以把室外主机分为以下几种类型：

①不可视室外主机：市场已淘汰，不含摄像头，在使用时无法看到单元门口的图像，目前一些老旧小区仍在使用，如图2.3所示。

②可视黑白室外主机：市场主流产品，含摄像头，使用时可以看到单元门口的黑白图像，目前大部分小区使用这类产品，如图2.4所示。

图2.3　不可视室外主机　　　　图2.4　可视黑白室外主机

③可视彩色室外主机：市场高端产品，含摄像头，使用时可以看到单元门口的彩色图像，目前部分小区使用这类产品，如图2.5所示。

图2.5　可视彩色室外主机

（2）按进出识别方式分类。

门禁系统按进出识别方式可以把室外主机分为以下几种类型。

①密码识别型：通过检验用户输入密码是否正确来识别进出权限。现在市场上常见的这类产品分为普通型和乱序键盘型（键盘上的数字不固定，不定期自动变化）。

普通型密码识别室外主机具有操作简单、无须携带卡片、成本低等优点。

乱序键盘型（键盘上的数字不固定，不定期自动变化）具有操作方便、无须携带卡片、安全系数比普通型高等优点。

但密码识别型室外主机都具有如下缺点：密码容易泄露、安全性不高、无进出记录、只能单向控制。

②卡片识别型：通过读卡或读卡加密码方式来识别进出权限。现在市场上常见的这类产品分为磁卡型和射频卡型。

磁卡型室外主机具有一人一卡（＋密码）、可联微机、可保存进出记录、成本较低、安全性较好等优点。但因卡片和设备间有磨损故其寿命较短，另外这类卡片容易复制且卡片信息容易因外界磁场丢失，不易双向控制。

射频卡型室外主机具有卡片和设备无接触，开门方便安全；寿命长，理论上数据至少可以保存10年；可联微机、可保存进出记录；可以实现双向控制；安全性高等优点。但其成本较高。

③人像识别型：通过检验人员生物特征等方式来识别进出权限。现在市场上常见的这类产品有指纹型、虹膜型、面部识别型。

人像识别型室外主机具有安全性极高、无须携带卡片的优点。但其成本很高、识别率不高、对环境要求高、对使用者要求高（比如指纹不能划伤、眼不能红肿出血、脸上不能有伤以及胡子的多少）、使用不方便（比如虹膜型和面部识别型的安装高度位置一定，但使用者的身高却各不相同）等缺点。

值得注意的是，一般人认为生物识别的门禁系统很安全，其实这是误解。门禁系统的安全不仅仅是识别方式的安全性，还包括控制系统部分的安全、软件系统的安全、通信系统的安全和电源系统的安全。整个系统是一个整体，哪方面不过关，整个系统都不安全。例如有的指纹门禁系统，它的控制器和指纹识别仪是一体的，安装时要装在室外，这样一来控制锁开关的线就露在室外，很容易被人打开。

（3）按设计原理分类。

门禁系统按设计原理可以把室外主机分为以下两种类型。

①控制器自带读卡器型：这种设计的缺陷是控制器须安装在门外，因此部分控制线必须露在门外，内行人无须卡片或密码便可以轻松开门。

②控制器与读卡器分体型：这类系统控制器安装在室内，只有读卡器输入线露在室外，其他所有控制线均在室内，而读卡器传递的是数字信号，因此若无有效卡片或正确密码任何人都无法进门。

（4）按与微机通信方式分类。

①单机控制型：这类产品是最常见的，适用于系统较小或安装位置集中的单位。通常采用RS485通信方式。它的优点是投资小、通信线路专用。缺点是一旦安装好就不能方便地更换管理中心的位置，不易实现网络控制和异地控制。

②网络型：这类产品的技术含量高，目前还不多见，只有少数几个公司的产品成型。它的通信方式采用的是网络常用的 TCP/IP 协议。这类系统的优点是控制器与管理中心是通过局域网传递数据的，管理中心的位置可以随时变更，无须重新布线，很容易实现网络控制或异地控制。适用于系统较大或安装位置分散的单位使用。这类系统的缺点是系统通信部分的稳定需要依赖于局域网的稳定。

2）室外主机的组成

室外主机主要由门禁控制器、识别仪（读卡器）、电控锁、闭门器组成。其中门禁控制器是室外主机的核心组成部分，关系着整个系统信息的处理、存储、控制等。识别仪（读卡器）是验证用户出入许可的关键设备。电控锁是室外主机中锁门的执行部件。闭门器是保持单元门处于锁闭状态的必要部件。

2. 室外主机的安装与接线

下面以海湾公司的多功能可视室外主机为例介绍室外主机的安装与接线方法，图 2.6 为室外主机外形示意图。

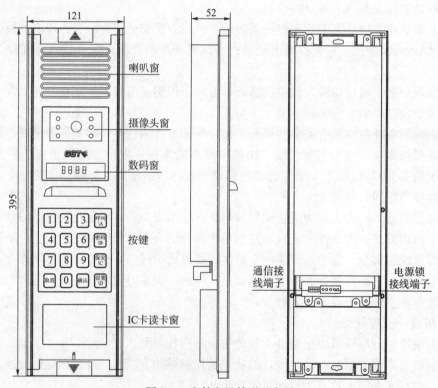

图 2.6　室外主机外形示意图

（1）室外主机安装如图 2.7 所示。

①门上开好孔位（已开好）。

②把传送线连接在端子和线排上，插接在室外主机上。

③把室外主机和嵌入后备盒放置在门板的两侧，用螺丝固定。

④盖上室外主机上、下方的小盖。

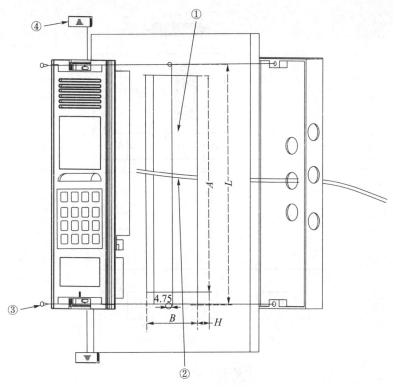

图 2.7　室外主机安装过程分解图

（2）室外主机各接线端子功能详见表 2.1 和表 2.2。

表 2.1　电源锁接线端子说明

端子序	标识	名称	与总线层间分配器的连接关系
1	D	电源锁	电源 + 18 V
2	G	地	电源端子 GND
3	LK	电控锁	接电控锁正极
4	G	地	接锁地线
5	LKM	电磁锁	接电磁锁正极

表 2.2　通信接线端子说明

端子序	标识	名称	连接关系
1	V	视频	接联网器室外主机端子 V
2	G	地	接联网器室外主机端子 G
3	A	音频	接联网器室外主机端子 A
4	Z	总线	接联网器室外主机端子 Z

（3）室外主机与其他设备的接线方法如图 2.8 所示。

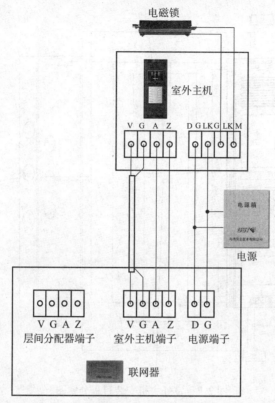

图 2.8　室外主机与联网器接线示意图

二、单元门室内分机的主要参数与施工

室内分机是门禁对讲系统必不可少的组成部分，一般安装在用户家门口处，其主要功能是与室外主机对讲通话，并控制开闭门锁。现在市场上不少厂家生产的室内分机还具有许多辅助功能。例如可视对讲、户户通对讲、呼叫管理中心机、安防报警、信息接收、监控留影、家电控制等功能。

下面对市场上较常见的室内分机的主要参数、性能指标进行介绍。

1. 室内分机的分类与组成

室内分机在楼宇对讲系统中占据成本较大，在选取室内分机时，不仅要考虑产品的外观、功能等性能指标，还要依据产品的价格等方面综合考虑选择合适的室内分机。

1）室内分机的分类

（1）按分机的功能分类。

按照室内分机的功能可以把室内分机分为以下几种类型：

①对讲室内分机：目前新建小区很少使用，其主要功能有接收呼叫、通话、开锁。

②可视室内分机：是目前市场上的主流产品，主要功能为接收呼叫、通话、开锁、接收主机图像、呼叫管理中心机。又可以细分为黑白可视室内分机和彩色可视室内分机，但由于彩色室内分机的液晶屏目前还没有国产化，故成本较高，这也是制约彩色可视楼宇对讲系统应用的瓶颈。

③多功能室内分机：目前市场上一些高端小区使用该产品，其主要功能除接收呼叫、通话、开锁、接收主机图像、呼叫管理中心机等基本功能外，还包括一些增值功能。例如，室内报警：分机内有可控制室内报警探头的模块，可进行针对室内探头的设防、撤防等操作并向管理中心报警；图像存储：可视分机内部有图像存储模块，可对主机的视频信号进行手动及自动的存储及回放；信息发布：分机可以接收小区物业管理中心所发布的信息；户与户通话：可通过门口主机实现跨楼栋之间的呼叫通话。

（2）按设计原理分类。

按照室内分机的设计原理可以把室内分机分为内置解码器室内分机和外置解码器室内分机。目前数字式楼宇对讲系统为每个住户定义为一个可寻的地址，主机在输入这个可寻的地址后，通过解码器等相关的器件对相应的住户进行选通，然后实现振铃、通话、开锁等功能。

①内置解码器室内分机是一种将解码部分放置在分机内部的数字系统。内解码系统由于将解码器放置在分机内部，理论上可以将各个分机串联在一条数据通道上，接线十分方便，但在实际应用中内置解码分机系统出现了一些非常难处理的情况，例如：一户出现问题，将影响到一条线上的所有住户，而且问题很难排查（因为是内解码，必须进入住户室内对分机及线路进行检查，而且接线错误等问题也可以造成比较巨大的影响）。内解码系统的厂家自1998年以后开始增加短路保护器（隔离器），具体方式就是将原先串联在一起的各个住户分机通过短路保护器进行隔离。增加短路保护器后的总体布线结构与外置解码器系统相同（主机将各个短路保护器串联，再从短路保护器向各个住户分机进行分支，这样的布线方式称为楼内总线布线方式）。一些内解码系统的厂家在短路保护器上增加了如故障指示等外置解码器所拥有的功能，这就使得楼宇对讲系统的布线方式也逐渐趋于统一。

②外置解码器室内分机是将解码部分集中在一台解码器中（解码器一般为四户型或八户型），解码器放置在大楼内弱电井中。外置解码器的楼宇对讲系统有单一的解码器，门口主机通过主线连接（串联）单元内所有的解码器，再从解码器分线进入住户室内，连接住户分机。解码器基本功能包括：解码、存储地址信息、故障隔离、故障指示、音频选通等。由于本身包括故障隔离及故障指示功能，单一住户分机出现的问题基本不影响解码器的正常工作，故障隔离功能对于楼宇对讲系统的维护、保养等均有非常大的好处。但是相对来讲，布线将稍微烦琐一点。

（3）按室内分机的安装方式分类。

按照室内分机的安装方式可以把室内分机分为以下几种类型。

①壁挂式室内分机：壁挂式室内分机的安装主要通过分机底座上的螺钉固定位或者固定安装背板与墙面进行固定后进行分机安装。壁挂式分机安装方便，但是分机本身凸出墙面比较多，视觉效果不好。由于本身容积的限制，内部不能加载很多功能模块（有些加载的功能模块是经过简化的模块）。

②嵌入式分机：分机安装方式为暗装，首先将分机的预埋底盒埋墙安装，再将分机固定在预埋底盒上。嵌入式分机安装后与墙面基本高度一致，对于室内整体视觉效果非常好。另外由于嵌入式安装分机有比较大的空间，故可以加载比较多的扩展功能；其缺点为需要暗埋底盒，施工难度比较大，并且在安装后不容易进行移动。

③超薄型壁挂式分机：鉴于以上两种分机的优、缺点，目前市场上又有新型的超薄型可视分机面世，此类分机比一般传统的壁挂式分机薄（传统的壁挂式分机采用听筒设计，可

视部分由于需要兼容黑白显示屏，所以超出墙面高度一般在 40 mm 以上，厚度基本不能再进行降低)。新型壁挂式分机一般采用免提通话技术，可视部分采用彩色液晶显示屏（也可以显示黑白图像），因为节省了空间，故超薄型分机的厚度一般在 40 mm 以下。但是由于采用了新型的技术及高档的材料，所以新型超薄型分机的价格比较高。

2）室内分机的组成

传统室内分机从结构上可分为分机底座及分机手柄。分机底座的主要功能是固定分机位置。分机底座有螺钉固定位（根据厂家不同，有分机直接通过底座的螺钉孔进行安装，也有分机通过在分机后面的背板进行安装）。在分机底座上（或分机安装背板上）有接线柱，用来连接从主机到分机的电缆。分机底座内部有电路板，对分机部分功能进行控制。分机手柄：分机手柄内部有喇叭和咪头，用来接收语音及发送语音。

2. 室内分机的安装与接线

下面以海湾公司的多功能室内分机为例介绍室内分机的安装与接线方法。

（1）室内分机的安装。

海湾公司的多功能室内分机属于壁挂式室内分机，安装方法参考前面的壁挂式室内分机的安装方法即可，图 2.9 所示为多功能室内分机外形示意图，图 2.10 为多功能室内分机安装示意图。

（2）多功能室内分机的对外接线端子分布如图 2.11 所示，各接线端子功能详见表 2.3。

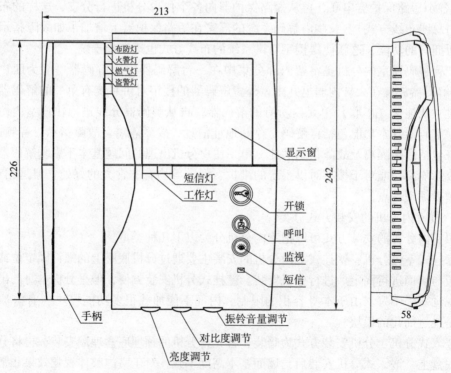

图 2.9　多功能室内分机外形示意图

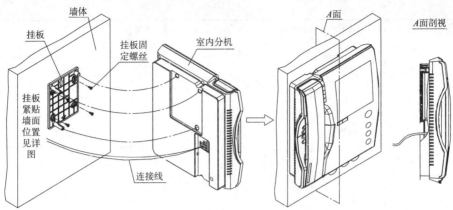

图 2.10　多功能室内分机安装示意图

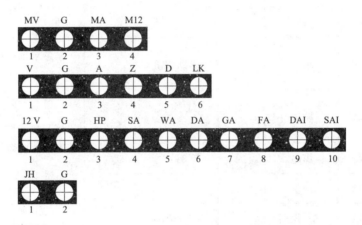

图 2.11　多功能室内分机对外接线端子分布示意图

表 2.3　功能室内分机接线端子说明

端口号	端子序号	端子标识	端子名称	连接设备名称	连接设备端口号	连接设备端子号	说　　明
主干端口	1	V	视频	层间分配器/门前铃分配器	层间分配器分支端子/门前铃分配器主干端子	1	单元视频/门前铃分配器主干视频
	2	G	地			2	地
	3	A	音频			3	单元音频/门前铃分配器主干音频
	4	Z	总线			4	层间分配器分支总线/门前铃分配器主干总线
	5	D	电源	层间分配器	层间分配器分支端子	5	室内分机供电端子
	6	LK	开锁	住户门锁		6	对于多门前铃,有多住户门锁,此端子可空置

67

续表

端口号	端子序号	端子标识	端子名称	连接设备名称	连接设备端口号	连接设备端子号	说　明
门前铃端口	1	MV	视频	门前铃	门前铃	1	门前铃视频
	2	G	地			2	门前铃地
	3	MA	音频			3	门前铃音频
	4	M12	电源			4	门前铃电源
安防端口	1	12V	安防电源	室内报警设备	外接报警器、探测器电源	各报警前端设备的相应端子	给报警器、探测器供电,供电电流≤100 mA
	2	G	地				地
	3	HP	求助		求助按钮		紧急求助按钮接入口常开端子
	4	SA	防盗		红外探测器		接与撤布防相关的门、窗磁传感器、防盗探测器的常闭端子
	5	WA	窗磁		窗磁		
	6	DA	门磁		门磁		
	7	GA	燃气探测		燃气泄漏		接与撤布防无关的感烟、燃气探测器的常开端子
	8	FA	感烟探测		火警		
	9	DAI	立即报警门磁		门磁		接与撤布防相关门磁传感器、红外探测器的常闭端子
	10	SAI	立即报警防盗		红外探测器		
警铃端口	1	JH	警铃		警铃电源	外接警铃	电压:DC 14.5~DC 18.5 V 电流≤50 mA
	2	G	地				

（3）室内分机与层间分配器接线方法如图 2.12 所示。

（4）室内分机与报警传感器接线方法如图 2.13 所示。

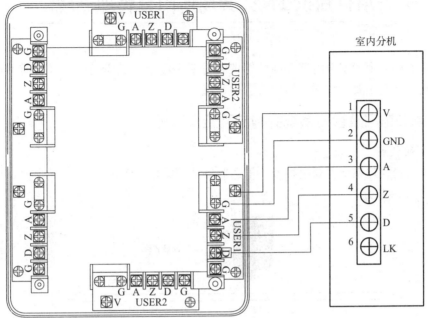

图 2.12　室内分机与层间分配器接线示意图

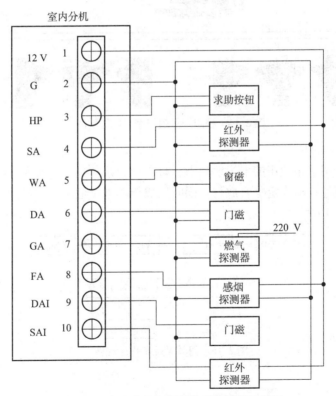

图 2.13　室内分机与报警传感器接线示意图

项目知识 2　公共场所门禁管理系统

门禁系统作为现代安全防范和高效管理的重要手段，广泛应用于小区、图书馆、银行、地铁等场所。下面主要介绍图书馆门禁管理系统。

一、图书馆门禁管理系统的构成及工作流程

1. 系统的构成

图书馆门禁管理系统主要由校园一卡通服务器、管理计算机、翼闸、管理软件组成，系统结构如图 2.14 所示。

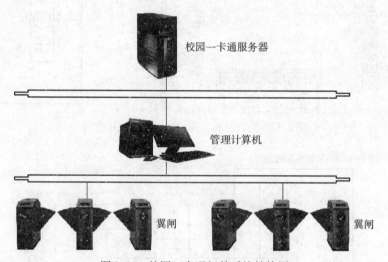

图 2.14　校园一卡通门禁系统结构图

2. 系统的工作流程

目前，大部分图书馆使用的卡为射频卡，自动门禁系统只需读取卡中的有关数据与读者数据进行校验，就能自动决定是否放行，同时生成读者进馆记录并传送到后台主数据库，系统工作过程如图 2.15 所示。

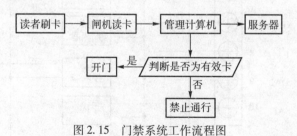

图 2.15　门禁系统工作流程图

二、图书馆门禁管理系统的主要设备

1. 翼闸的结构

翼闸的结构如图 2.16 所示。

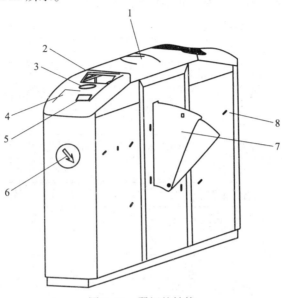

图 2.16　翼闸的结构

1—顶灯；2—7 寸显示屏；3—RFID 感应卡；4—指纹模块；

5—二维码阅读器；6—通道指示灯；7—机芯门；8—对射光耦

2. 翼闸的技术参数

翼闸的技术参数如表 2.4 所示。

表 2.4　翼闸的技术参数

名称	参　数
机箱外形	开模 R40 箱体
机箱材料	1.5 mm 不锈钢　304#
外观颜色	不锈钢原色
提示系统	蜂鸣提示　□　　　　语音提示　□
通信协议	TCP/IP　□　　　　485 通信　□
工作电压	输入：AC 220 V ±10%/50 Hz　输出：DC 48 V；DC 24 V 5 A；DC 5 V 3 A
工作环境	室内、室温（最好架雨篷）
工作温度	−10℃ ~50℃
相对湿度	≤90%，无凝露
通道宽度	600 mm；900 mm
翼门最大扇出宽度	280 mm
驱动电机	48 V 直流减速电动机（300 W）

名称	参　数			
开门速度	0～200 可调			
红外对管	10 对、13 对（包括身高检测）可调			
开门超时时间	0～60 s 可调			
功耗	额定功率：400 W			
识别模块	条码类：二维码			
	证件类：感应卡 □　　　市民卡 □　　　指纹识别 □　　　其他 □			
显示屏	7 寸 LCD			
主控板	ARM9 □　　　ARMA8 □　　　ARM7 □			
可选件	电源防雷器			
	网络防雷器			
	回收卡装置套装			
	打孔器套装			
	温、湿度控制仪			
	身高测量仪			
	防水电源			
	人像采集			
	风扇			
标配件	防尘、防雨罩			
	语音			
	通道指示			
	低压电源			
	顶灯指示			
	漏电保护器			

3. 翼闸的工作原理

上电后，系统开始自检，显示固件版本号控制翼闸门开、关，一切正常后数码管显示闪烁 PASS，即表示自检通过，然后显示 0，表示当前刷了卡等待过闸的人数为零，翼闸机顶灯显示红灯，闸门在关门状态，闸机系统初始化完成，等待刷卡。

自检通过后，若主控板收到有效身份识别（如刷卡），则在数码管上显示相应的人数，并控制电动机打开闸门，同时翼闸机顶灯会显示绿灯，表示可以过人。

在常规模式下，刷了卡，闸门打开后，红外对管会不断地检测是否有行人通过。通过一个人，数码管显示值减一，同时闸机前头的显示屏上的人数也会减一。当减为零时，闸门自动关闭。若长时间未通过，则在等待相应的超时时间后，人数也会自动减一。当减为零时，闸门自动关闭。闸门关闭后机顶灯显示红色。

在快速模式下，刷了卡，闸门打开后，红外对管不断地检测是否有行人通过。每通过一个人数码管显示值减一，同时闸机前头的显示屏上的人数也会减一，当减为零时，系统开始计时，当超过一定的时间后（可以设置，一般为 1 min 以上）闸门自动关闭。若在有票时且长时间未通过人，则在等待相应的超时时间后，人数也会自动减一，当减为零时，系统开始计时，当超过一定的时间后（可以设置，一般为 1 min 以上）闸门自动关闭。闸门关闭后机顶灯显示红色。

当红外对管检测到有人尾随通过闸机时，系统会发出报警提示音。

4. 翼闸的系统结构

翼闸既可单独使用，组成一个智能化管理通道，也可由多台闸机进行组合，组成多个智能化的管理通道，如图 2.17 所示。

图 2.17　翼闸管理通道示意图

项目知识 3　停车场门禁管理系统

随着经济的发展，社会上的车辆越来越多，整个社会对于智能停车场的要求也越来越高。以前停车场人工发卡管理计费的方法已经无法满足人们对当今停车场门禁管理系统的要求 。为了适应市场的需求，许多厂商推出了新一代的停车场门禁管理系统，有基于射频识别的停车场门禁管理系统，也有基于图像识别的停车场门禁管理系统。下面分别讨论以上两种停车场门禁管理系统。

一、基于射频识别的停车场门禁管理系统

基于射频识别的停车场门禁管理系统是一种以射频卡为车辆出入停车场凭证的车辆收费管理系统，如图 2.18 所示。

1. 基于射频识别的停车场门禁管理系统的构成及工作流程

1）系统的构成

系统主要由控制中心管理计算机、入口控制机、出口控制机组成，如图 2.19 所示。

2）停车场工作流程

在非接触式射频卡（或蓝牙卡）停车场管理系统中，持有月租卡或固定卡的车主在出入停车场时，经车辆检测器检测到车辆后，将卡片在出入口控制箱的感应区掠过，读卡器读卡并判断卡的有效性，同时摄像机摄录该车的图像。对于有效的射频卡（或蓝牙卡），自动道闸的闸杆升起放行并将相应的数据存入数据库中。若为无效的射频卡（或蓝牙卡）或无卡进出场的车辆，则不予放行。对临时停车的车主，在车辆检测器检测到车辆后，按入口控制机上的按键取出一张卡片，完成读卡后放行。出场时，在出口控制机上读卡并交纳停车费用，无异常情况时道闸升起放行。

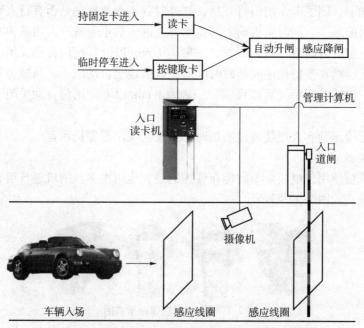

图 2.18　基于射频识别的停车场门禁管理系统示意图

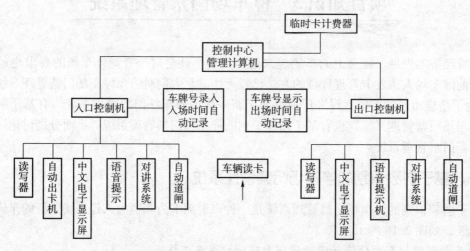

图 2.19　基于射频识别的停车场门禁管理系统结构图

停车场管理系统具有功能强大的数据处理功能，可以完成收费管理系统各种参数的设置、数据的收集和统计，可以对发卡系统发行的各种卡片进行管理、对丢失的卡进行挂失，并能够打印有效的统计报表。

2. 停车场门禁管理系统的主要设备

1）出入口控制机

现在市场上常见的出入口控制机一般都可以识别多种类型的卡片，其工作电压为 220 V AC ± 10%，50 Hz。出入口控制机与控制中心的通信采用 RS485 接口，通信距离应不超过 1 200 m。出入口控制机的面板信号系统可指示 IC 卡读写器、数字式车辆检测器及出卡机是否正常工作。其 LED 显示屏安装在出入口控制机的正面、智能卡读写器的上方，并以文字形式显示停车的出场时间、入场时间、收费金额、卡上余额、卡的有效期等相关信息，若系统不予入场或出场，则显示相关原因。在空闲时显示时间日期、欢迎用语或其他系统相关提示信息。也可以根据客户需要，通过软件任意更改显示内容（如广告语、口号等），如图 2.20 所示。

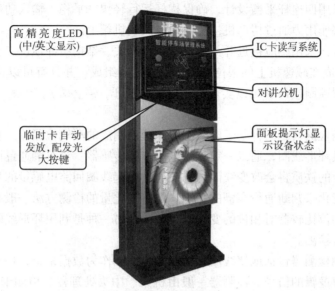

图 2.20　出入口控制机

在选用出入口控制机时，应选用密封、防雨、防尘、抗腐蚀、耐老化、适合室外环境使用的材料加工而成的结构坚实牢固的控制机，除此之外还应考虑其外观、耐用性、价格等要素。

2）自动道闸

自动道闸又称挡车器，是专门用于车辆出入口管理的设备。现广泛应用于公路收费站、停车场、小区、企事业单位门口，用来管理车辆的出入。自动道闸由机箱、挡车闸杆、电动机、传动机构、电子控制机构等组成。自动道闸可单独通过遥控实现起落杆，也可以通过停车场管理系统（即 IC 刷卡管理系统）实行自动管理状态。根据道闸的使用场所，其闸杆可分为直杆、90°曲杆、180°折杆及栅栏等，如图 2.21 所示。

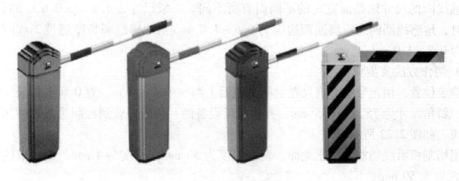

图 2.21　自动道闸

挡车闸杆：常见的挡车闸杆一般由铝合金材料的方通杆或栅栏构成。

机箱：结构坚实牢固，外壳可以用特制的钥匙方便地打开和拆下。

电动机：常采用电动机和减速机构一体化的设计方法，使系统具有结构紧凑、免皮带传动、免维护等优点。

传动部分：采用四连杆平衡设计，确保栏杆运行轻快、平稳、输入功率小，防止人为抬杆和压杆，将外部作用力通过传动机构巧妙地卸载到机箱上。

电子控制部分：采用感应接近开关、机械行程开关、结构缓冲顶位三重控制。由主控制器（控制盒）、集成在减速机上的限位开关、遥控器等组成，并具有可以连接三联按钮或其他控制设备的远程控制接口（可以实现远程控制道闸开、停、关）。

3）地感线圈

地感线圈车辆检测器是一种基于电磁感应原理而制成的车辆检测器。它通常在同一车道的道路路基下埋设环形线圈，通以一定工作电流作为传感器。当车辆通过该线圈或者停在该线圈上时，车身上的铁质将会改变线圈内的磁通，引起线圈回路电感量的变化，检测器通过检测该电感量的变化来判断通行车辆的状态。电感变化量的检测方法一般有两种：一种是利用相位锁存器和相位比较器对相位的变化进行检测；另一种是利用环形线圈构成的耦合电路对其振荡频率进行检测。

地感线圈车辆检测器包括地感线圈和检测器，线圈作为数据采集，检测器用于实现数据判断，并输出相应逻辑的信号。检测器一般由机架、中央处理器、检测卡和接线端子组成。中央处理器是对采集信号进行计算的模块，一般是一个带嵌入式操作系统的单片机，具备较强的数字计算、存储能力和通信接口。通过对端口的扫描，捕捉电平的变化时间，以此计算出相应的交通数据。当检测车辆通过静止在感应线圈的检测域时，通过感应线圈的电感量会降低，检测卡的功能就是检测这一变化并精确地输出相应的电平。在对高速通过车辆进行检测时，可能会存在车长、车速检测不准确的情况，需要正确调节检测器的灵敏度。目前的车辆检测器一般都具有灵敏度多级可调的功能。

下面介绍停车场系统中地感线圈的制作方法。地感线圈是现场绕制的，它的质量好坏直接影响到车感应和闸感应，发生严重故障时甚至会出现砸车的现象。因此工人在现场绕制时一定要严谨、仔细。制作方法为：

（1）地感线圈的尺寸：

地感线圈的尺寸随路面宽度的不同而有所不同。一般尺寸为 1.8 m × 0.6 m 的长方形，路面宽时，地感线圈两边距离路面边缘为 0.6 ~ 1.0 m。当地感线圈长度超过 2 m 时，宽度一般定为 0.8 ~ 1.0 m。

（2）制作方法及步骤：

①确定位置，用记号笔、直尺在混凝土地面上画一个长 1.8 m、宽 0.6 m 的长方形，去掉直角，斜角尺寸为 75 mm × 75 mm，并从靠近设备的一角画一线到控制机或道闸用于安装中引馈线，如图 2.22 所示。

②用切割机沿线切割混凝土地面，切割深度为 50 mm，宽度为 4 mm。馈线槽的宽度为 7 mm，深度为 50 mm。

③切完槽后用清水将槽中的泥浆冲洗干净。

④用吹风机将槽吹干，要保证槽的底面发白。

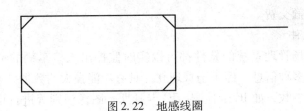

图 2.22 地感线圈

⑤用 1.5 平方 32 股软线绕切割槽顺时针方向或逆时针方向绕 4 或 6 圈（道闸为 6 圈，控制机为 4 圈），引出线要进行双绞后放入馈线槽中，至机箱安装处预留 1.5 ~ 2.0 m 的长度。

⑥沿槽浇灌沥青，并将多余的沥青铲除，以保证路面干净。

⑦用喷枪沿槽喷一遍，使槽内沥青完全和水泥、线熔为一体。

（3）技术要求：

①感应线圈切割槽深度≥50 mm，宽度≥4 mm；馈线切槽深度≥50 mm，宽度≥7 mm。

②绕线圈数为 6 圈（道闸）或 4 圈（控制机），绕线在槽内必须拉紧，引出线必须双绞，且双绞次数不得小于 20 编/米，一般尽可能多。

③绕线应用一根完整的导线，不得有中间接头。

④浇灌的沥青必须充分熔化，以利于填充槽内每一个空隙而紧固线圈，不会因为路面上有车时造成线圈松动而影响感应。

⑤线必须耐高温，避免沥青烫破皮。

⑥制作完成后电感量在 80 ~ 150 μH。

4）IC 卡发行器

IC 卡发行器的功能主要是对整个系统所使用的 IC 卡进行检测、发行等授权工作。IC 卡发行器放置于工作站台面，内部电路包括微控制器、IC 卡读写部分、通信部分等。可以发行的卡片种类有：

（1）高级授权卡：是由生产厂商在停车场管理系统出厂时随系统发行的一种 IC 卡。授权卡在停车场管理系统中具有最高权限，不能由自身的系统发行或被清空，在使用授权卡登记进入系统后可以发行操作人员的操作卡，执行卡片管理、查询、报表管理、备份数据等所有系统操作。

（2）操作卡（管理卡）：是停车场管理系统的收费操作管理人员的上岗凭证。收费操作员在上岗时持该卡在停车场管理系统中登记后才能使用本系统，而且只能在操作人员的权限内工作。

（3）月租卡（蓝牙卡或固定 IC 卡）：是停车场管理系统授权发行的一种 IC 卡，由长期使用指定停车场的车主申请并经管理部门审核批准，通过 IC 卡发行系统发行。该卡按月或一定时期内交纳停车场费用，并在有效的时间段内享受在该停车场任意停车的便利。

（4）储值卡：是停车场管理系统授权发行的一种 IC 卡，由使用停车场的车主申请并经管理部门审核批准，通过 IC 卡发行系统发行，并预交一定数量的停车费。该卡按时计费，并在预付金额充足的情况下，享受在该停车场停车的便利。

（5）临时卡：是停车场管理系统授权发行的一种 IC 卡，是临时泊车者停车时取用的卡片，车主在进入停车场时取用该卡，出场时要将卡交回，系统依据此卡计算停车费用，车主需按系统计算出的金额交费。

3. 停车场管理软件

目前大多数停车场管理系统的软件都可以实时监控出入口车辆的情况、自动道闸的状态、出卡机有无卡等多种信息。停车场管理软件具有功能强大的数据处理功能，可以对停车场管理中的各种控制参数，如 IC 卡检测、IC 卡延期、图像识别等进行设置；可以进行场内车辆查询和打印收费统计报表；能对停车场数据进行管理。

一般情况下，普通的管理人员通过简单的培训便可掌握软件的使用。通过软件实现出入口管理、制作收费统计报表、读写器设置、停车场系统设置等功能。

二、基于图像识别的停车场门禁管理系统

传统的停车场采用的大多是近距离刷卡或取票的方式作为车辆进出场的凭证。车辆进出场时车主必须减速停车以刷卡或取票，这些方式往往会带来很多不便，如高峰期时容易造成出入口拥堵不畅、上下坡道刷卡时容易造成溜车、下雨天车主在户外停车场出入口刷卡/取票时手臂会被淋湿等。基于图像识别的停车场门禁管理系统则采用了先进的视频识别技术，车辆出入场时系统可自动识别车辆，并自动结算缴费金额，因而省去了车主取卡、刷卡、插卡等一系列繁杂的步骤。

1. 基于图像识别的停车场门禁管理系统的构成及工作流程

1）系统的构成

基于图像识别（即无卡）的停车场收费系统具备对临时车辆进行收费管理和对长期用户进行认证管理的功能。整套系统包括出入口控制显示一体机、出入口高清摄像机、道闸、管理中心、车牌高清识别仪等组件，如图 2.23 所示。

入出口控制显示一体机与计算机之间采用 RS485 通信方式，在保障数据传输速度和安全性的基础上，极大地方便了设备的安装与布线，同时各部件均采用模块化设计，这就使得某一设备的变动不会影响到其他设备的正常工作。

2）工作流程

系统可以设置是否允许临时用户入场停车。若系统允许临时用户入场，则当临时用户到达停车场入口处，系统将自动识别车牌号码，同时自动抓拍当前车辆入场图片，记录日期及时间，生成记录存入数据库，供后期查询及出场调用。道闸自动开启，车主驾车经过道闸，进入停车场，道闸自动归位。同时进行车位引导，如图 2.24 所示。当临时用户到达出口时，系统自动识别车牌号码，自动查找该车牌的入场记录与之匹配，调出入场时间及抓拍图片，根据计费规则，计算出相应的停车费用，完成缴费操作。收费后确定开闸车辆快速离场，道闸自动归位。

当长期车辆到达停车场入口时，系统自动识别车牌号码，同时自动抓拍当前车辆入场图片，记录日期及时间，生成记录存入数据库，供后期查询及出场调用。道闸自动开启，车主驾车经过道闸，进入停车场，道闸自动归位。当长期用户离场时到达停车场出口处，系统自动识别车牌号码，自动查找该车牌的入场记录与之匹配，调出入场时间及抓拍图片，判断固定用户可使用日期。若未过期，则道闸自动开启，车辆实现快速离场。过期用户要延期后再出场。

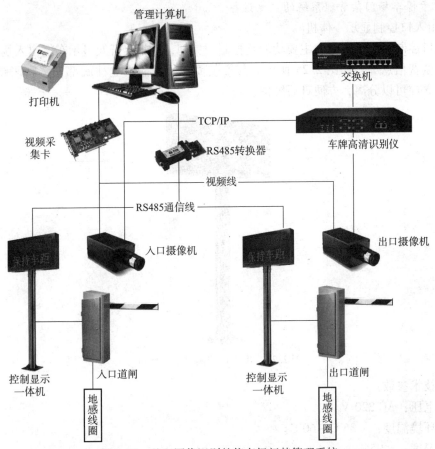

图 2.23 基于图像识别的停车场门禁管理系统

图 2.24 无卡停车场车位引导

2. 无卡停车场门禁管理系统的主要设备

1) 出入口控制显示一体机

出入口控制显示一体机的主要功能是控制开关闸，播报语音及显示车辆出入场信息、停车时长及缴费信息等，如图 2.25 所示。其安装简单，只需在立柱底部安装膨胀螺丝即可，而且屏和立柱可以分离，方便日后维护。

图 2.25　出入口控制显示一体机

主要技术参数：

工作电压：AC 220 V。

工作环境温度：−35 ℃ ~60 ℃。

相对湿度：≤95%。

通信接口：RS485。

通信波特率：4 800 b/s。

通信最长距离：1 200 m。

立柱高（mm）：1 000。

外框尺寸（mm）：L600 × H330。

显示尺寸（mm）：L520 × H260。

2) 高清车牌识别仪

高清车牌识别仪是无卡停车系统车牌识别的核心部件，采用先进的计算机视觉技术，对视频流中高速行驶的车辆进行实时检测、识别，彻底抛弃了外部触发，解决了维护成本问题，如图 2.26 所示。

图 2.26　高清车牌识别仪

设备以 TMS320DM6467T（达芬奇架构）为处理中心，配备 EEPROM、RTC 等芯片，内置为抓拍和自动识别任务而自主研发的数学算法库、图像算法库等，设备对上位机应用提供标准接口，方便开发与维护。

设备采用了 Linux 通用操作系统，内嵌的识别软件包含了视频采集、图像预处理、车辆检测、车牌识别、图像压缩、数据传输等模块。系统识别速度快、可靠性高，特别是独特的移动物体跟踪和比对技术可以将帧间有效信息充分利用起来，不依赖单张图片，有效地提高了系统的识别精度和对复杂环境的适应能力。

（1）功能特点：

①系统简单、可靠性/稳定性高。

②处理器采用 TMS320DM6467T，图像处理速度快。

③优秀的视频检测/识别技术，小像素点数车牌识别率、车辆捕获率和车牌识别率高。

④具有双路摄像机接入功能，可同时接入两台网络摄像机。

⑤具有双路车牌识别功能，可同时识别两路视频流中的车牌信息。

⑥具有字符叠加功能，能在图像上叠加时间、地点、自定义字符等。

⑦具有触发输出功能，能输出开关量信号。

⑧具有内置硬盘存储功能，能将识别数据存储到内置硬盘中。

⑨采用 TCP/IP 协议接入外部网络系统。因此设备的升级、维护、参数调整均可在整个网络中的任何一个计算机终端上在线完成，从而极大地提高了维护的效率，减少了维护成本。

⑩支持多个不同 IP 地址的设备同时连接/访问。

（2）硬件指标：

①DSP 处理器：TMS320DM6467T。

②输入/输出接口：

a. 网口：1 个 RJ45 型网口，100/1 000 M 自适应。

b. I/O：2 路开关量输出口，1 路补光灯输出，1 路调试串口。

c. RS－232 串行接口：3 路。

3）视频捕捉卡（如图 2.27 所示）

图 2.27　视频捕捉卡

（1）功能特点：

①压缩位率：64 Kbps ~ 2 Mbps；

②帧率：1 ~ 30 帧/s 可选；

③支持 CIF Video MPEG 4 Encoder；

④提供 MPEG4 压缩引擎，可对多路视频图像进行压缩；

⑤支持压缩流/预览流叠加功能；

⑥提供动态 AVI 图像捕获；

⑦可将动态图像捕获为 JPG 静态图像存盘；

⑧支持多路同时预览，CPU 占用率极低；

⑨支持多种解码格式。

（2）技术参数：

①视频输入：4 路；

②录影总资源：120 fps（NTSC），100 fps（PAL）；

③显示总资源：120 fps（NTSC），100 fps（PAL）；

④视频分辨率：320×240，640×240，640×480；

⑤压缩格式：MPEG-4。

4）LED 补光灯

LED 补光灯如图 2.28 所示，其技术指标详见表 2.5。

图 2.28　LED 补光灯

表 2.5　LED 补光灯的技术指标

项目	最小值	典型值	最大值	单位	说明
电源电压	11.5	12	12.5	V	直流 12 V
平均功率	–	–	18	W	
瞬时功率	–	–	30	W	瞬时值
管芯功率	–	3	–	W	
管芯数量	–	9	–	个	
输出视角	–	15	–	°	9 ~ 15 输出视角
	–	38	–	°	9 ~ 38 输出视角

续表

项目	最小值	典型值	最大值	单位	说明
输出光强	–	170	–	lx	在 8 m 处测量
色温	–	6 700	–	K	
光衰减	–	–	10	%	工作 10 000 h 后
设备尺寸	–	142×95×53	–	mm	
净重	–	0.48	–	kg	
包装尺寸	–	300×210×90	–	mm	
毛重	–	1.18	–	kg	

5）上位机软件简介

无卡停车系统管理软件的界面采用了人性化的设计方法，操作人员经过简单的培训即可使用。停车场系统具有功能强大的数据处理功能，可以对停车场管理中的各种控制参数如车辆授权、车辆延期、图像识别设置、中央收费等进行设置，如图 2.29 所示。

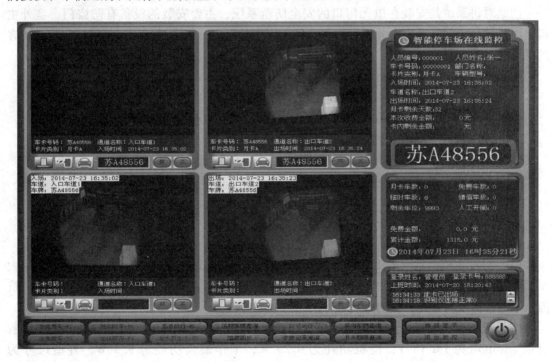

图 2.29 上位机软件

3. 无卡停车系统的优势

无卡停车系统与传统停车系统相比具有以下优势：

（1）快速进场：无须刷卡/取票，视频识别车辆，实现免取卡快速进场，并能够迅速找到空车位进行停放。

（2）避免收费漏洞：通过车牌识别核算停车费，车辆的车牌为进出的唯一凭证，核算机制严密，避免收费漏洞。

（3）节约成本：避免传统刷卡/取票系统产生的卡片及票据介质损耗，降低后期运营成本。

（4）缴费方便：支持多渠道缴费方式，包含自助缴费机、手持 Pad 及中央收费站等。

（5）能有效避免传统管理方式中泊车效率低、服务差、人为乱收费和拒缴停车费等诸多问题的产生，从而实现车辆快速进场。

总体来说，在不久的将来，停车场的自动化程度将越来越高，管理人员逐渐减少，直至实现无人化服务，这是停车系统发展的趋势。

项目知识 4　门禁对讲系统的设计与工程实施（实训项目）

一、大楼门禁对讲系统的设计与施工

门禁对讲系统是安装在单元门口的安全防范系统，主要安装的设备有防盗门、室外主机、电控锁、闭门器及室内分机等。住户使用家中的室内分机通过专用网络可以实现与访客的通话，并遥控开启防盗门。在各单元门口的访客可以通过室外主机呼叫住户。

1. 设计方案

（1）采用非可视非联网对讲系统设计，每户约 230 元。

（2）采用非可视小区内联网对讲系统设计，每户约 260 元。

（3）采用可视非联网对讲系统设计，每户约 500 元。

（4）采用可视小区内联网对讲系统设计，每户约 850 元。

2. 可视对讲门禁系统

1）系统结构

系统由室外主机、室内分机、译码器、不间断电源、电控锁、闭门器等组成。

2）主要元器件性能

（1）可视主机：系统采用铝合金拉丝压铸面板，并配以先进的表面处理工艺。采用大型 LED 数码管更显豪华气派，可直接呼叫室内分机并通话，室外主机应选用具有防水、抗撞击、有按键夜间背光补偿的系统。

（2）可视室内分机：主要功能有接受呼叫、对讲、遥控开启单元门电控锁。主要参数有：工作电压为 DC 18 V，待机功耗为 0.25 W，工作最大功耗为 9.3 W，外型尺寸为 200 mm×220 mm。

（3）楼层译码器：楼层译码器用来接收来自分机的呼叫信号，并选择接通某个分机。可视系统中增加的 4 条总线无须经过楼层控制器。

（4）电控锁：开锁电压≥12 V，工作电流＜3 A，功率≥12 W，安装尺寸为 94 mm×80 mm，开锁触发时间≥100 ms。

3）系统配件列表（见表 2.6）

表 2.6　系统配件列表

产品图片	产品型号	功能特点	数量/台	单价/元	总价格/元	备注
	安宝乐 ABL - 803K 室外主机	铝合金面壳，美观大方；开关按键具有防水、防尘、寿命长等特点；可呼叫本单元内任一住户的室内分机，可接室内分机容量为 9 999 户（可扩展）。同一单元可接多台室外主机；具有动态检测故障和隔离保护功能；可增设 IC/ID 卡门禁和无线遥控开锁功能；具有上电与断电两种开锁方式的转换功能；非可视系统配置 ABL - 1008 型解码器；可视系统配置 ABL - 1009 型可视楼层平台；具有语音提示引导操作功能；创新的电路设计，通话音质效果完美	10	800	8 000	室外主机 801 款的外形尺寸：323 mm × 130 mm × 43 mm；安装尺寸：298 mm × 103 mm × 30 mm；埋墙安装尺寸：302 mm × 113 mm × 33 mm 安装方式：嵌入式
	安宝乐 4.3 寸可视室内分机 ABL - 601	高档 ABS 材料塑料外壳；接收本单元门口主机的呼叫；8 首优美真人真唱 MP3 铃声任意选择；具有可视对讲、开锁功能；具有主动监视本单元门前图像的功能；待机状态下零功耗，节省能源；创新的电路设计、图像清晰、通话音质效果完美	100	280	28 000	可视免提分机 601 款的外观尺寸：215 mm × 195 mm × 48 mm；安装方式：壁挂式

产品图片	产品型号	功能特点	数量/台	单价/元	总价格/元	备注
	安宝乐7寸可视室内分机 ABL - 602	高档 ABS 材料塑料外壳；接收本单元室外主机的呼叫；8 首优美真人真唱 MP3 铃声任意选择；具有可视对讲、开锁功能；具有主动监视本单元门前图像的功能；待机状态下零功耗，节省能源；创新的电路设计，图像清晰，通话音质效果完美	100	380	38 000	可视免提分机 602 款的外观尺寸：240 mm × 160 mm ×27 mm；安装方式：壁挂式
	楼层保护器ABL - 1008	具有户户隔离功能；具有视频信号放大、分配、短路隔离保护功能；具有视频信号增益自动调节功能；具有视频线路阻抗匹配调节功能；具有视频电源分配及短路隔离保护；支持联网呼叫报警功能	30	130	3 900	楼层保护器的外形尺寸：140 mm × 105 mm ×50 mm；安装方式：壁挂式
	系统电源 ABL - 18 V	金属外壳；具有交、直流电自动转换及信号指示功能；具有短路、蓄电池过放电自动保护功能；具有交流电 160 ~ 260 V 大范围稳压功能；输出电压：18 V；输出电流：5 A；可以支持磁力锁开锁控制功能；主要用途：为可视门禁刷卡型主机供电	10	180	1 800	系统电源的外形尺寸：218 mm × 161 mm ×74 mm；安装方式：壁挂式

续表

产品图片	产品型号	功能特点	数量/台	单价/元	总价格/元	备注
	安宝乐电控锁 ABL - 116A	开锁电压：6 ~ 15 V；使用寿命：50 万次；锁体质量：1 100 g；开锁电流：1.5 ~ 3 A（只需接通 1 s 即可）；灵敏度：1 s；上锁方式：碰撞上锁	10	195	1 950	防不锈钢拉丝长 130 mm，宽 106mm，高 40 mm
	安宝乐闭门器 ABL - 166A	高品质液压式闭门器，采用优质铝合金压力铸造，造型美观大方；适用于各类金属门、铝合金门、木门；开门不分左右皆可安装	10	155	1 550	负荷：45 ~ 85 kg；标准门宽：1 000mm；最大开门角度≤180°
	超五类网线ABL - W06	整套系统连接	2 000	2.5	5 000	无氧铜国标过 30 Ω 测试
设备总价格/元					50 200	

3. 工程实施

所有材料、设备的提供及工程施工将严格按照设计方案和有关规范，高标准、严要求。如有变动，必须提前通知有关项目负责人，经批准后方可变动执行。

1）楼宇对讲系统的工程施工

（1）将门口主机安装于良好的目视水平的高度，建议高度为 150 cm（摄像头高度）。

（2）不可将对讲系统安装于太阳直接曝晒、高温、雪霜、化学物质腐蚀及灰尘太多的地方。

（3）所有的联网布线一般来说应一致采用双屏蔽超五类线，屏蔽层选用金属编织网。

（4）屏蔽层应与系统的所有屏蔽层连接好，并做好接地处理。

（5）联网布线最好采用串接方式，布线的线管尽量采用专用金属穿线管，管两端均应良好接地。且应与强电电缆（如交流 220 V、电梯线、有线电视线等）保持 50 cm 以上的距离，以提高抗干扰和防雷能力。

（6）为了系统的稳定和以后的检修方便，所有联网接线的线头不能放在管内或容易被水浸到的地方，接头处应做焊锡处理后用热缩管包好并做好防水、防潮处理。

（7）在主机接线入口处应考虑连接滴水线。

（8）不要安装在背景噪声大于 70 dB 的地方，否则室内机听筒噪声可能比较大。

（9）安装过程中严禁带电操作。

（10）所有连线接好后，反复检查安装无误后方可通电。

（11）在通电时，如发现有不正常的情况，应立即切断电源调试，直至故障排除。

（12）若系统不正常，则断电后要分段检查。如未查明故障原因，切务自行修理或更换元件而造成系统损坏。

（13）带门禁的主机初次使用的 IC 卡或 ID 卡需经过管理中心登记发卡之后方可使用。

2）楼宇对讲系统的调试

（1）系统上电调试前应仔细检查系统，需特别检查电源线是否接错、正负极间是否有短路，否则上电后轻则烧毁设备及其相关线路，严重甚至会引起火灾。

（2）在单元楼调试时，先把门口主机和最低层保护器/解码器及室内机的所有接线连接好，同时将分机的房号按照使用说明编号；上电调试此层系统的工作情况，确认室外主机及底层线路和设备是否属于正常。

（3）若正常工作，则说明室外主机及线路和设备是正常的；接着切断系统电源，再连接好上一层系统的主线路，进行第二层调试（系统接线时一定要断电），依次往上调。

（4）在单元楼的调试过程中，必须从底层开始一层一层地往上调试，即把第一层调试完后，再进行第二层的调试，依此一直往上调试，直到整单元调试完毕且能正常工作。

（5）若整个单元系统的设备都安装完毕且线路接线无误，但上电后不能工作，则先断电，只留底层的保护器/解码器、室内分机与室外主机的连接，即把二层以上的保护器/解码器的总线全拆掉，确认室外主机和底层的保护器/解码器及室内分机是否正常。若是正常的，则故障就出在二层以上的保护器/解码器或室内分机，这样就可以逐层查找故障。

（6）当遇到较高楼层发生故障时，可采用"黄金分割法"检查故障，就是先断开中间楼层（如 20 层楼就必须在 10 层断开）以上的保护器/解码器的总线，恢复接好二层的总线，确认故障具体是出在中间层以下还是中间层以上，用该方法就能最快地查出故障点。

（7）只要室内分机与保护器/解码器之间接线无误，在保护器/解码器上与室内分机的连接线插好、视频线接好，将室内分机的房号编好后，无须调试就能正常工作。

（8）若室内分机的影像出现重影或因信号过强在图像上引起扭曲，则必须在顶层最后一个保护器/解码器的视频输出端，并接一个大小为 75 Ω 的碳膜电阻，用于衰减/匹配视频信号。

（9）若室内分机的影像出现模糊或图像比较白，则说明视频信号较弱，此时可通过打开保护器上的视频放大电路调节视频增益。

（10）在门口主机与室内机呼叫通话过程中，若出现刺耳的啸叫声或出现主机喇叭的声音较小时，则可对门口主机主板上的喇叭、咪头进行音量调整。

二、小区保安控制室联网管理门禁对讲系统的设计与施工

小区保安室通常是门禁对讲系统设计与施工的关键部门。安装在保安室的管理中心机和联网器是整个门禁对讲系统的核心。住户使用家中的室内主机通过专用网络，可以实现与小区保安室的对话。小区保安室也可以通过管理中心机随时与住户联系，方便处理突发事件。

1. 设计方案

（1）采用非可视管理中心机设计，每台约 1 000 元。

（2）采用黑白可视管理中心机设计，每台约 2 000 元。

（3）采用彩色可视管理中心机设计，每台约 3 000 元。

2. 系统介绍

1）系统结构

小区保安控制室联网管理门禁对讲系统主要由管理中心机和联网器组成。

2）主要元器件性能描述

（1）联网器：联网器是小区可视对讲系统的联网设备，实现各单元（或别墅）和管理中心、小区门口的联网。下面主要以海湾公司的 GST – DJ6720Y 智能联网分支器产品为例介绍。

GST – DJ6720Y 智能联网分支器（以下简称联网分支器）主要用于可视对讲系统外网设备的联网使用，一个联网分支器可以接 2 路外网设备，这些设备包括：管理中心机、室外主机、楼宇联网器。联网分支器在布线方面将主干线分为了两个分支线，在工程实际应用中非常简单实用。

①联网器的特点：

自动切换功能：根据业务地址实现音、视频在主干和分支之间的自动切换。

CAN 智能中继功能：提供主干到分支的智能 CAN 中继功能。

②联网器的技术特性：

工作电压：DC 18 V；允许范围：DC 14.5 ~ 18.5 V；

工作电流：最大电流：100 mA；静态电流：50 mA；

使用环境：温度：$-25℃ ~ +70℃$；相对湿度：10% ~ 95%，不凝露；

外形尺寸：146 mm × 86 mm × 59 mm；

安装孔距：120 mm。

③工作原理：

联网分支器通过 CAN 总线与管理中心机、联网器进行通信。呼叫方首先发出呼叫请求，联网分支器收到呼叫请求后根据业务的呼叫优先级以及音、视频通道的当前使用状况做出裁决；若无冲突则建立一个业务连接，若有冲突则根据优先级判断，拆除低优先级业务或不理会低优先级请求信息。

（2）管理中心机：是门禁对讲系统的中心管理设备，一般安装在小区保安控制室内。主要功能有接收住户呼叫、与住户对讲、报警提示、开单元门、呼叫住户、监视单元门口、记录数据、接驳计算机等。

①管理中心机的特点：

采用 CAN 总线技术联网，系统稳定、性价比高。

液晶显示，直观易懂。

中/英文操作界面，易学、易会。

可自动监视单元门口，循环显示单元门口图像。

实时记录报警、故障和运行等数据。

可接驳计算机，实现信息交互。

②管理中心机的技术特性：

工作电压：DC 18 V；允许范围：DC 14.5~18.5 V；

工作电流：最大电流：500 mA（GST - DJ6405/07 管理中心机）；

900 mA（GST - DJ6406/06C/08/08C 管理中心机）；

静态电流：165 mA；

使用环境：温度：-10 ℃~+55 ℃；

相对湿度<90%，不凝露；

储存环境：温度：-40 ℃~+70 ℃；

相对湿度<95%，不凝露；

外形尺寸：

335 mm×230 mm×126 mm（GST - DJ6405/06/06C 管理中心机）；

485 mm×267 mm×715 mm（GST - DJ6407/08/08C 管理中心机）。

③管理中心机的工作原理：

管理中心机与矩阵切换器（可选）、室外主机、室内分机、联网器等设备构成可视门禁对讲系统。系统通过数据总线和音、视频信号线连接在一起，数据总线在单元外采用 CAN 总线，单元内采用 H 总线相连。音、视频信号线连接采用两种模式，对于小型社区采用手拉手总线连接方式，对于大型社区采用矩阵交换连接方式，将大型社区根据地理位置划分成多个小的区域（其中每个管理中心机占用一个独立的区），在区内采用手拉手的连接方式，在区外通过矩阵切换器将各个区和管理中心机连接在一起组成社区音、视频矩阵交换式网络系统。

管理中心机可以实时监控可视门禁对讲系统网络的数据信息，接收室外主机、室内分机的报警信息，给出文字和声音的提示；与室外主机、室内分机或其他管理中心机进行可视对讲信令交互，实现与室外主机的可视对讲及与室内分机的对讲，或与监视、监听单元门口的对讲。此外管理中心机还扩展了 RS232 接口，可以连接计算机，能够将信息实时送往上位机，实现更加智能化的巡更、报警管理。

三、工程实施

1. 联网分支器的施工

联网分支器采用预埋式安装。把通过穿线管的电缆线与接线端子上的线一一对应，牢固地接在一起（建议焊接），然后将联网分支器放在 86 预埋盒内。

联网分支器将主干线分为两个分支，减少了布线、降低了长距离音频及视频信号的传输损耗、提高了系统的性能。常见接线如图 2.30 所示。

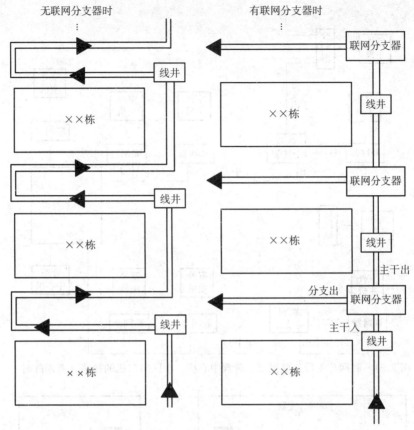

图 2.30 常见接线

2. 联网分支器与联网器、管理中心机、小区门口机接线的方法

1）当有矩阵切换器时

将可视对讲设备分成若干个区片，每个区片占矩阵的一个通道；管理中心机和小区门口机独占矩阵的两个通道。在室外主机和联网器组成的区片中，联网器以手拉手的方式相连，或者在方便布线的地方利用联网分支器将通道主干分成两个分支，联网分支器与联网器、管理中心机、小区门口机的接线如图 2.31 所示，联网分支器与联网器的接线如图 2.32 所示。

2）当无矩阵切换器时

管理中心机和小区门口机只能有一个接在联网分支器的主干入上，主干出和分支出接两个区片的室外主机的联网器，联网器以手拉手方式相连，或者在方便布线的地方利用联网分支器将主干再分成两个分支，接线如图 2.33 所示。

接线说明：每个线路上包括 1 对 CAN 总线、1 对音频线、1 对视频线。

3）布线方式

视频线采用 SYV75 – 5 同轴电缆，当大于 600 m 时，用 SYV75 – 7 同轴电缆。

CAN 通信线采用 RVS2 × 1.0 电缆；音频线采用 RVVP2 × 1.0 电缆。

4）插针设置

联网分支器背板示意图如图 2.34 所示。

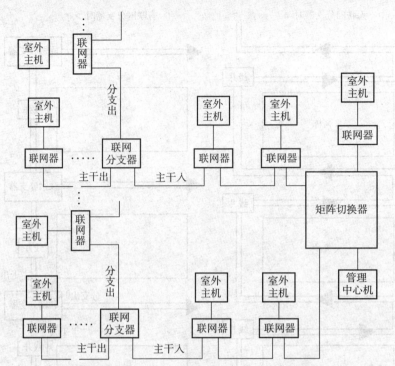

图 2.31 联网分支器与联网器、管理中心机、小区门口机的接线（有矩阵时）

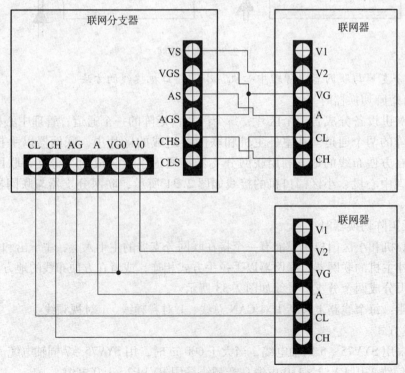

图 2.32 联网分支器与联网器的接线

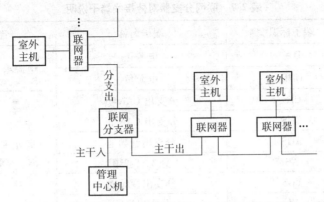

图 2.33 联网分支器与联网器、管理中心机、小区门口机的接线（无矩阵时）

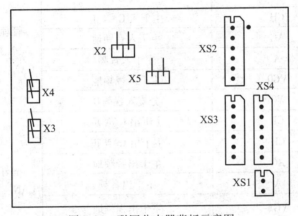

图 2.34 联网分支器背板示意图

插针 X3 和 X4 备用；X5 和 X2 为 CAN 终端电阻，其中 X5 对应主干，X2 对应分支。当主干位于 CAN 网络的一端时，X5 短接；当分支位于 CAN 网络的一端时，X2 短接。主干终端电阻 X5 出厂默认为开路，分支终端电阻 X2 出厂默认为短路。

5）对外接线端子说明

联网分支器对外接线端子示意图如图 2.35 所示，端子说明见表 2.7。

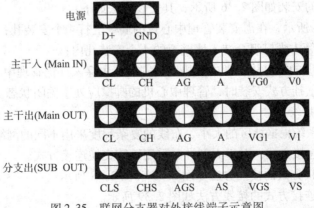

图 2.35 联网分支器对外接线端子示意图

表 2.7　联网分支器对外接线端子说明

端子序号	端子标识	端子名称	连接设备名称
XS1	D +	电源正	电源箱
	GND	电源负	
XS2	CLS	分支出 CAN 负	室外主机、别墅联网器的 CAN、视频线、音频线
	CHS	分支出 CAN 正	
	AGS	分支出音频地	
	AS	分支出音频	
	VGS	分支出视频地	
	VS	分支出视频	
XS3	CL	主干入 CAN 负	管理中心机或小区门口机、室外主机、别墅联网器的 CAN、视频线、音频线
	CH	主干入 CAN 正	
	AG	主干入音频地	
	A	主干入音频	
	VG0	主干入视频地	
	V0	分支入视频 0	
XS4	CL	主干出 CAN 负	室外主机、别墅联网器的 CAN、视频线、音频线
	CH	主干出 CAN 正	
	AG	主干出音频地	
	A	主干出音频	
	VG1	主干出视频地	
	V1	分支出视频 1	

每一路的音频、视频、CAN 总线应接入联网分支器相同标识的端子上。

3. 管理中心机的安装方法

管理中心机有桌面和壁挂两种安装方式。

桌面安装方式为将管理中心机放置在水平桌面上（或打开脚撑）。

壁挂安装方式的安装如图 2.36 所示，其安装方法如下：

（1）如图 2.36 所示，在需安装管理中心机的墙壁上打 4 个安装孔；

（2）将塑料胀管木螺钉组合装入墙壁上的 4 个安装孔内；

（3）将装入墙壁的螺钉从管理中心机底面安装孔中穿入，把管理中心机固定在墙壁上。

注意：当采用壁挂方式安装时，管理中心机的脚撑应处于关闭状态。

4. 管理中心机接线

GST – DJ6000 系统根据社区的大小、布线的复杂程度采用不同的网络拓扑结构，对于小型社区采用手拉手连接方式，对于大型社区采用矩阵交换连接方式。

（1）手拉手连接方式的接线方法如图 2.37 和图 2.38 所示。

（2）矩阵交换连接方式的接线方法如图 2.39 所示。

（3）管理中心机的对外接线端子如图 2.40 所示，接线说明见表 2.8。

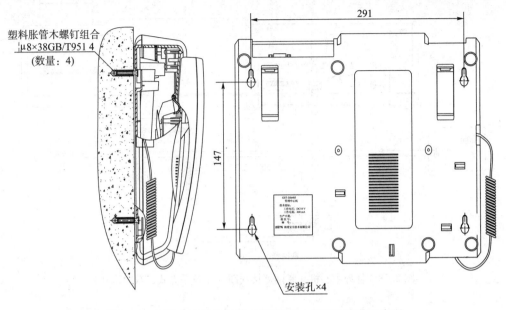

图 2.36　GST – DJ6405/06/06C 管理中心机壁挂安装示意图

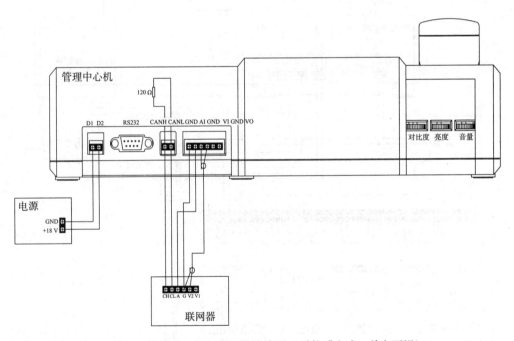

图 2.37　管理中心机与联网器接线图（手拉手方式，单向可视）

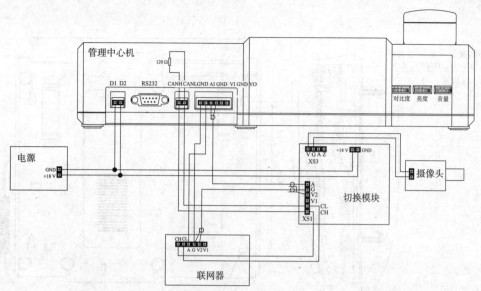

图 2.38　管理中心机与联网器接线图（手拉手方式，双向可视）

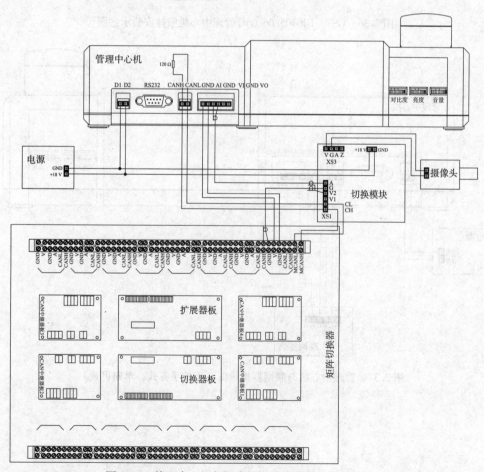

图 2.39　管理中心机与矩阵切换器接线图（双向可视）

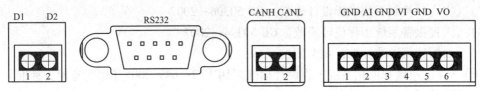

图 2.40 管理中心机的对外接线端子

表 2.8 管理中心机的对外接线端子的接线说明

端口号	序号	端子标识	端子名称	连接设备名称	注释
端口 A	1	GND	地	室外主机或矩阵切换器	音频信号输入端口
	2	AI	音频入		
	3	GND	地		视频信号输入端口
	4	VI	视频入		
	5	GND	地	监视器	视频信号输出端，可外接监视器
	6	VO	视频出		
端口 B	1	CANH	CAN 正	室外主机或矩阵切换器	CAN 总线接口
	2	CANL	CAN 负		
端口 C	1 ~ 9		RS232	计算机	RS232 接口，接上位计算机
端口 D	1	D1	18 V 电源	电源箱	给管理中心机供电，18 V 无极性
	2	D2			

注意：当管理中心机处于 CAN 总线的末端，需在 CAN 总线接线端子处并接一个 120 Ω 电阻（即并接在 CANH 与 CANL 之间）。

4）布线要求

视频信号线采用 SYV75 - 5 同轴电缆；音频信号和 CAN 总线采用两对 RVS2 × 1.5 双绞线。

三、小区门禁对讲系统的设计案例

经历十几年的发展，楼宇对讲系统已由最初单户型、单元型发展到现在的总线联网型。联网型楼宇可视对讲系统主要针对小区的出入口和单元梯口进行防护，采用联网方式，在可视化的基础上，实现住户与管理中心、小区入口的三方通话。

1. 设计依据

1）《联网型可视对讲技术要求》GA/T 678—2007

2）《楼宇对讲系统及电动防盗门通用技术条件》GA/T 72—2005

3）《安全防范工程程序与要求》GA/T 75—1994

4）《安全防范系统通用图形符号》GA/T 74—2000

5）《智能建筑设计标准》GB/T 50314—2006

6）《民用建筑电气设计规范》JGJ 16—2008

7)《出入口控制系统工程设计规范》GB 50396—2007

8)《入侵报警系统工程设计规范》GB 50394—2007

9)《商用建筑线缆标准》EIA/TIA—569

10)《住宅小区智能化系统工程设计标准》DBJ 13—64—2005（福建省地方标准）

2. 设计原则

1）规范性

系统设计必须符合相关的国家标准和行业标准，国家、行业或地方尚无相应标准的，可以参照国际有关标准执行。

2）先进性

系统配置及系统集成具有合理的先进性，系统不仅能够支持设计要求，还能够在空间布局、系统容量等方面具有充分的扩展余地，便于适应未来发展的需要。

3）安全性

系统应该具有较高的抗干扰性和防止非法闯入的能力；具有自我诊断、及时报警、错误恢复机制；软件及网络应用具有相应的加密、防火墙技术，以保障系统的安全；系统的各硬件设备应具有良好的防水、防尘、防盗等功能。

4）经济性

系统配置具有较高的性价比。在满足功能要求的前提下，应当考虑经济性，以减轻用户负担，并充分考虑系统的投资、运行成本。

5）可靠性

在通过远距离分散集成、安装调试后运行可靠、稳定。在正常使用寿命内，不应出现任何系统问题。

6）开放性

系统配置应遵循开放性原则，配套软件提供系统操作和数据库管理等诸多方面的接口与通信协议；系统应具有良好的灵活性、兼容性和可移植性。

3. 功能需求

针对小区门禁对讲系统的特点进行系统功能需求分析，详见表2.9。

表2.9 小区门禁对讲系统的功能需求

功能	功能描述
可视对讲	设备间接通后，能实现双向通话，话音音质清晰，不应出现振鸣现象
监视功能	通过室内分机监视梯口/门口与管理中心机监视梯口/区口的实时图像，以便识别访客。应画面清晰、图像逼真、色彩亮丽
联网功能	室内分机与管理中心机之间可实现双向通话
信息发布功能	管理中心应向室内机发送图片和文字信息。室内机可满屏显示信息内容
紧急呼叫功能	当住户室内发生紧急情况时，可通过紧急按钮向管理中心机发出紧急呼叫，管理中心弹出警情提示框
安防报警功能	室内分机提供紧急报警、瓦斯探测、火灾探测、大门入侵、客厅防护、窗户入侵和阳台入侵等多种报警接口方式。当相应的防区出现警情时，可即时上报至管理中心并通过电话/短信告知住户，管理中心弹出警情提示框

4. 门禁对讲系统结构

按照小区门禁对讲系统的需求，完成系统结构设计，如图 2.41 所示。

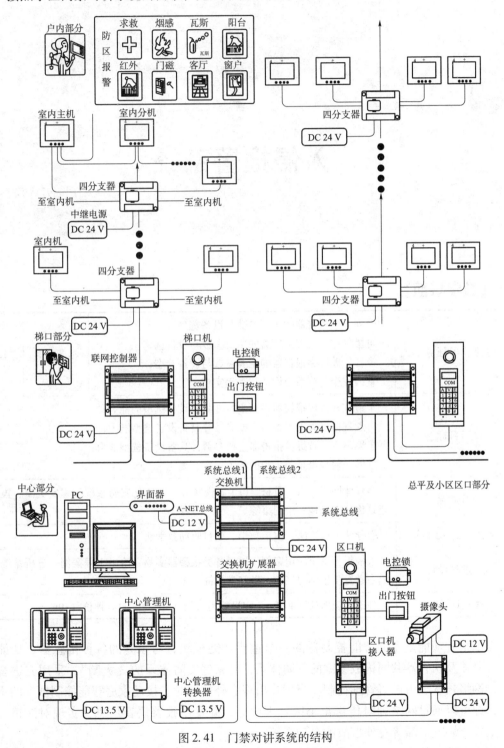

图 2.41　门禁对讲系统的结构

项目三

入侵报警系统

【教学导航】

主要学习任务	红外入侵报警器的主要参数与设备选型； 可燃气体、火灾报警器的主要参数与设备选型； 声音、破拆类报警器的主要参数与设备选型； 室内安全防范系统设计与工程实施	参考学时	18
学习目标	了解红外入侵报警器主要参数并具备设备选型的能力； 可燃气体、火灾报警器主要参数并具备设备选型能力； 了解声音、破拆类报警器主要参数并具备设备选型能力； 掌握入侵报警系统工程的相关标准、规范		
学习资源	多媒体网络平台、教材、PPT 和视频等；一体化安防系统工程实验室；模拟建筑物施工场地；绘图桌等		
教学方法、手段	引导法、讨论法、演示教学、项目驱动教学法		
教学过程设计	入侵报警系统应用案例→展示各类报警器实物→给出工程案例→分析系统构成→激发学生学习兴趣，做好学前铺垫		
考核评价	理论知识考核（40%），实操能力考核（50%），自我评价（10%）		

　　家庭报警功能是家庭智能控制器的一个重要功能模块，与家庭的各种传感器、功能按键、探测器及执行器共同构成家庭的安防体系，是家庭安防体系的"大脑"，采用先进智能型控制网络技术、由微机管理控制。当用户出现意外情况时，按动家庭智能控制器上的不同按键，即可以通过网络即时传送至小区管理中心，并发出报警语音信息，实现对匪情、盗窃、火灾、煤气泄漏等意外事故的自动报警。

　　当人们需要外出时，防盗保护系统对于家居的安全非常重要。当遇到突发事件，例如火灾、盗窃、有害气体泄漏等情况时，选择安全可靠、功能齐全、使用方便的防盗报警产品，可最大限度地保护人身及财产安全。

当人们外出时，只要按下手中的遥控器，报警系统就会自动进入防盗系统。期间如果有不法分子企图打开门窗，就会触发门磁感应器；假如有非法之徒从阳台上闯入，厅内的红外探测报警器、破拆报警器、声音报警器就会马上检测到有非法入侵者，这时报警主机就会发出警报声，尖锐的报警声会把歹徒吓得落荒而逃，同时引起邻居、保安的注意。与此同时，通过电话线将警情报告给数个指定电话（接警中心、保安部等），安保人员可在几秒内收到报警信息，之后迅速采取应对措施，让歹徒得到相应的制裁，保障家居财产和生命的安全。

当外出或者人们熟睡时，电线忽然短路发生火灾。火灾发生初期，火灾报警器就会探测到，及时发出警报声，提醒室内人员，并同时对外报警，以便及时处理，免遭损失。又如室内煤气发生泄漏时，可燃气体探测器将马上发生警报声，并自动启动排气扇，避免室内人员发生危险。入侵报警系统结构如图3.1所示。

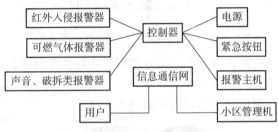

图 3.1 入侵报警系统结构框图

【项目知识】

项目知识1 红外入侵报警器的主要参数与设备选型

根据报警器的探测手段来分类，红外入侵报警器按照工作方式可以分为主动红外报警器和被动红外报警器。

一、主动红外入侵报警器

主动红外入侵报警器作为较早应用的报警技术，发展到现在其技术已经比较成熟，已有相当规模的市场占有率。主动红外报警器在成本及安装调试的便捷性方面优势明显。产品具有安装与调节简单方便、外形美观的特点，适用于机关、学校、别墅、工厂等重要场所及一切需要防范的场所。可安装于围墙、门窗、阳台等需要防范盗贼进入的地方，起到周界防范报警的作用。主动红外入侵报警器的工作原理是：发射机发出一束经调制的红外光束，被红外接收机接收，从而形成一条红外光束组成的警戒线。当被探测目标侵入该警戒线时，红外光束被部分或全部遮挡，此时接收机接收的信号就会发生变化，经放大与信号处理后，即控制发出报警信号。主动红外入侵报警器被广泛应用于建筑物外围的门窗、阳台、通道、小区周界、别墅院墙、商场出入口、露天仓库、停车场、养殖场等区域，起到防范报警的作用。

基本工作原理：发射端发出有效宽度为 100 mm 的不可见的红外光束并构成网状，接收端收到红外光束时，便进入防卫状态，如图 3.2 所示。

图 3.2　主动红外入侵报警器的原理（正常时）

当红外光束被完全遮断超过特定时，接收端输出报警信号，如图 3.3 所示。

图 3.3　主动红外入侵报警器的原理（有警报时）

主动红外入侵报警器受雾影响严重，室外使用时均应选择具有自动增益功能的设备。另外，所选设备的探测距离较实际警戒距离应留出 20% 以上的余量，以避免气候变化引起的系统误报警，主动红外入侵报警器的对射头如图 3.4 所示。

图 3.4　主动红外入侵报警器的对射头

1. 主动红外入侵报警器的主要参数与安装方式

主动红外入侵报警器的生产厂商及型号繁多，无法逐一列举。现以博世与豪恩两个较大的报警器生产厂商出品的主流产品为例，对其主要参数及选型进行介绍，详见表 3.1。

1）探测范围

红外入侵报警器可不间歇地在 1 s 内发出 1 000 束红外光束，称为脉动式红外光束。因此这些对射无法传输很远（600 m 内）。

利用光束遮断方式的探测器当有人横跨过监控防护区时，会遮断不可见的红外线光束而引发报警。常用于室外围墙报警，它总是成对使用：一个发射，一个接收，故也称红外对射报警器。发射机发出一束或多束人眼无法看到的红外光，形成警戒线。若有物体通过，光线便被遮挡，接收机信号发生变化，放大处理后进行报警。红外对射报警器主要应用于距离比较远的围墙、楼体等建筑物。与红外对射栅栏相比，其防雨、防尘、抗干扰等能力更强，在家庭防盗系统中主要应用于别墅和独院中。

表 3.1 主动红外入侵报警器的主要参数及选型

型号	工作电压	响应时间	操作温度	探测范围	光束	接收器电流消耗	发射器电流消耗	光学水平调整	光学垂直调整	瞄准器	备注	厂商
DS422i		50～700 ms 可调	-22 ℃ ~ +50 ℃	90 m/30 m		31 mA	10 mA	±90°	±24°			博世
DS426i		50～700 ms 可调		180 m/90 m		31 mA	27 mA	±90°	±24°			博世
LH502	DC 12 V		-10 ℃ ~ +50 ℃	100 m								豪恩
ABT	DC 12～24 V	50～250 ms 可调	-25 ℃ ~ +55 ℃	40 m/60 m /80 m/100 m 可选	2束	报警时为 35 mA，静态时为 75 mA	12～20 mA（DC 12 V 时）	180°（±90°）	20°（±10°）	自带瞄准式	抗雷击、抗霜、智能加热控制	豪恩
ABE	AC 13.8～18 V DC 12～24 V	50～700 ms 可调	-25 ℃ ~ +55 ℃	50 m/100 m /150 m/200 m /250 m 可选	3束	报警时为 34 mA，静态时为 45 mA	20～31 mA（DC 12 V 时）	180°（±90°）	20°（±10°）	不可	抗雷击、抗霜	豪恩
ABH	AC 13.8～18 V DC 12～24 V	35～700 ms 可调	-25 ℃ ~ +55 ℃	50 m/100 m /150 m/200 m /250 m 可选	4束	报警时为 34 mA，静态时为 45 mA	20～31 mA（DC 12 V 时）	180°（±90°）	20°（±10°）	不可	抗雷击、抗霜	豪恩

2）响应时间

红外对射探头要选择合适的响应时间：太短容易引起不必要的干扰，如小鸟飞过、小动物穿过等；太长会发生漏报。通常以 10 m/s 的速度来确定最短遮光时间。若人的宽度为 20 cm，则最短遮断时间为 20 ms。大于 20 ms 报警，小于 20 ms 不报警。

3）光束

常见的主动红外入侵报警器有两光束型、三光束型和四光束型，距离从 30 m 到 300 m 不等，也有部分厂家生产远距离、多光束的"光墙"，主要应用于厂矿企业和一些特殊的场所。在家庭应用中，最多使用的是 100 m 以内的产品。在这个距离中，红外栅栏和红外对射报警器均可使用：如果是安装于阳台、窗户、过道等，就选用红外栅栏；如果是安装于楼体、院墙等，就应该选用红外对射报警器；在选择产品时，只能选择大于实际探测距离的产品。

4）安装方式

（1）支柱式安装：比较流行的支柱有圆形和方形两种。报警器安装在方形支柱上便不可转动、不易移动。支柱的形状可以是"1"字形、"Z"字形或者弯曲的，由建筑物的特点及防盗要求而定，关键在于支柱的固定必须坚固牢实，没有移位或摇晃，利于安装和设防、减少误报。

（2）墙壁式安装：现在防盗市场上，处于技术前沿的主动红外入侵报警器制造商能够提供水平 180°全方位转角，仰俯 20°以上转角的红外入侵报警器。

2. 红外栅栏

智能型互射红外主动入侵报警器（又称红外栅栏）采用 CPU 微处理数码智能控制技术，双向发射光束及接受光束，完全适应全天候工作，防折、防雷、防水。采用互射识别原理，能有效地防止小宠物、飞鸟、落叶，尤其是太阳光直射等引起的误报。广泛适用于现代家居的窗户、阳台、围墙或养殖场等处的安装使用，红外栅栏如图 3.5 所示，其主要参数见表 3.2。

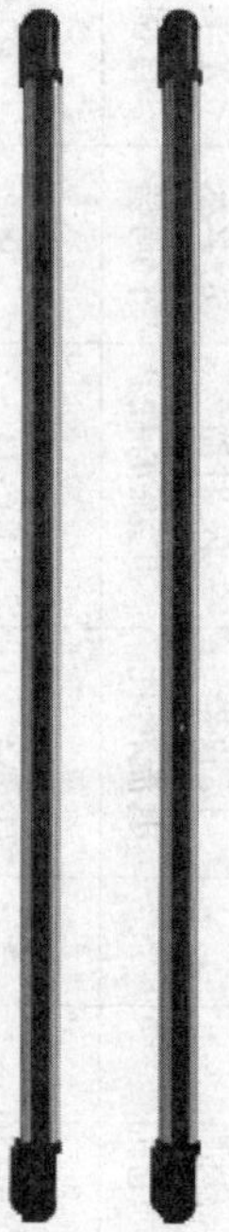

图 3.5 红外栅栏

表 3.2 红外栅栏的主要参数及选型

型号	LHP – 4Z	LHP – 6Z	LHP – 8Z/10Z
类型	4 光束数码红外栅栏	6 光束数码红外栅栏	8/10 光束数码红外栅栏
室外探测范围	5 m/10 m/30 m/40 m/60 m 可选	5 m/10 m/30 m/40 m/60 m 可选	5 m/10 m/30 m/40 m/60 m 可选
光束数	4 光束可选	6 光束可选	8/10 光束可选
探测方式	相邻的两光束报警	相邻的两光束报警	相邻的两光束报警
感应速度	最小 70 ms	最小 70 ms	最小 70 ms
投光器（发射器）工作电流	≤100 mA	≤100 mA	≤120 mA

续表

型号	LHP – 4Z	LHP – 6Z	LHP – 8Z/10Z
受光器（接收器）工作电流	≤60 mA	≤60 mA	≤60 mA
供电电压	DC 9 ~ 16 V	DC 9 ~ 16 V	DC 9 ~ 16 V
报警触发时间	最小 70 ms	最小 70 ms	最小 70 ms
光学调节角度（水平）	180°（±90°）	180°（±90°）	180°（±90°）
环境自适应	多光束自动同步	多光束自动同步	多光束自动同步
备注	抗雷击、抗霜	抗雷击、抗霜	抗雷击、抗霜
工作温度/湿度	– 25 ℃ ~ + 55 ℃	– 25 ℃ ~ + 55 ℃	– 25 ℃ ~ + 55 ℃
厂家	豪恩	豪恩	豪恩

入侵者无法以快速跳跃、低姿态匍匐或其他动作通过隐形防盗网防卫光束的防范。20 cm 直径以上的物体会同时遮住两条相邻红外线射束，并于 50 ms 内产生报警信号。当昆虫或小动物等通过防盗网时，由于不能完全遮断防卫射束，所以不会产生误报警；安装调试方便，互射式探测结构，完全避免太阳光的干扰。其工作原理如图 3.6 所示。

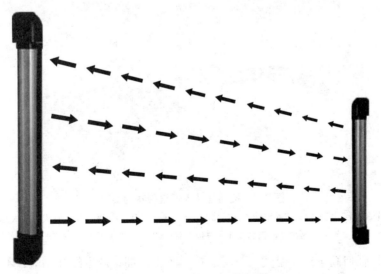

图 3.6 红外栅栏的工作原理

3. 注意事项

（1）发射器与接收器之间的红外光束要对准（以测试只是装置正常发光为准），否则较强烈的振动可能引起系统的误报警。

（2）当在围墙上方或围墙内侧安装时，应让光束距离墙壁 30 cm 左右，并伪装发射器和接收器。

（3）多组报警器同时使用时，须将频率调至不同，以免相互干扰导致系统误报。

（4）警戒光束附近不能有遮挡物，否则可能引起系统误报。

（5）接收器不能长时间受到阳光的照射，否则会引起系统的误报警。

（6）要保持主动红外入侵报警器光学面的洁净。

二、被动红外入侵报警器

现在市面上用得比较广的是被动红外入侵报警器，接下来重点介绍被动红外入侵报警器。各类被动红外入侵报警器实物如图 3.7 所示。被动红外入侵报警器的工作原理是：人体恒定的体温会发出特定波长为 10 μm 左右的红外线，被动红外入侵报警器就是靠探测人体发射的 10 μm 左右的红外线而进行工作的。人体发射的 10 μm 左右的红外线通过菲涅尔滤光片增强后聚集到红外感应源上。红外感应源通常采用热释电原件，这种原件在接收到人体红外辐射温度发生变化时就会失去电荷平衡，向外释放电荷，后续电路经检测处理后就能产生报警信号。

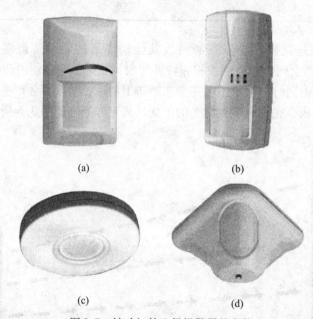

图 3.7　被动红外入侵报警器的实物

（a）博世蓝色第二代幕帘式被动红外入侵报警器；（b）豪恩 LH - 922BC - K 三鉴式红外入侵报警器；
（c）博世 DS936 超薄全方位被动红外入侵报警器；（d）博世 DS9370 全方位三技术报警器

在自然界，任何高于绝对温度（ - 273 ℃）的物体都将产生红外光谱，不同温度的物体其释放的红外能量的波长是不一样的，因此红外波长与温度的高低相关。

被动红外入侵报警器中有两个关键性的元件，一个是热释电红外传感器（PIR），它能将波长为 8 ~ 12 μm 的红外信号的变化转化成为电信号，并能对自然界中的白光信号具有抑制作用。因此在被动红外入侵报警器的警戒区内，当无人体移动时，热释电红感应器感应到的只是背景温度，当人进入警戒区内，通过菲涅尔透镜，热释电红外感应器感应到的是人体温度与背景温度的差异信号。因此，被动红外入侵报警器探测的基本概念就是感应移动物体与背景物体的温度差异，被动红外入侵报警器的内部结构如图3.8所示。另外一个器件就是菲涅尔透镜，如图3.9所示，菲涅尔透镜有两种形式，即折射式和反射式。菲尼尔透镜的作用有两个：一是聚焦作用，即将热释的红外信号折射（反射）在PIR上；二是将警戒区内分为若干个明区和暗区，使进入警戒区的移动物体能以温度变化的形式在PIR上产生变化热释红外信号，这样PIR就能产生变化的电信号。

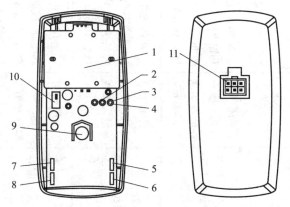

图3.8　被动红外入侵报警器的内部结构

1—微波模块；2—黄色LED；3—红色LED；4—绿色LED；5—LED跳针；6—RELAY跳针；
7—AND/OR跳针；8—P.COUNT跳针；9—传感器；10—防拆开关；11—接线端子

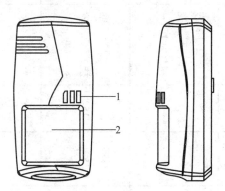

图3.9　被动红外入侵报警器的外观

1—LED指示灯；2—菲涅尔透镜

1. 被动红外入侵报警器的主要参数与设备选型

被动红外入侵报警器的主要参数与设备选型见表3.3。

2. 安装注意事项

安装位置应选择入侵者可能闯入的入口，如门、窗等位置；尽量使入侵者横穿探测区，如图3.10所示。

安装位置应避免靠近空调、电风扇、电冰箱、烤箱及可能引起温度变化的物体，同时应避免太阳光直射在报警器上。报警器透镜前面不要放有物体遮挡，否则会影响探测效果，如图3.11所示。

表 3.3　被动红外入侵报警器的主要参数与设备选型

型号	工作电压/V	消耗电流	工作温度/℃	探测距离/m	探测角度	安装高度/m	安装方式	传感器类型	报警输出	防拆开关	厂家	备注
LH-939F	4.3 V	报警时小于18 mA；待机时小于15 μA	-10~+55	8	15°	2.2	壁挂				豪恩	微处理器控制，卫星无线电发射电路，低电压报警
LH-922BCK		≤20 mA	-10~+50			最佳为1.8，不防宠物时为1.8~2.2	壁挂	双元低噪声热释电红外传感器	常闭/常开可选，接点容量为60 V DC, 400 mA	常闭无电压输出，接点容量为28 V DC, 100 mA	豪恩	微波+被动红外+人工智能+防宠物（≤35 kg）
LH-915D	DC 9~16 V	≤22 mA	-10~+50	8	15°	2.2（壁挂），2.4~3.6（吸顶）	壁挂/吸顶	双元低噪声热释电红外传感器	常闭/常开可选，接点容量为60 V DC, 300 mA	常闭无电压输出，接点容量为28 V DC, 100 mA	豪恩	防尘、防虫进
LH-912D+	DC 9~16 V	≤22 mA	-10~+50	6/10	15°	2.2	壁挂	双元低噪声热释电红外传感器	常闭/常开可选，接点容量为60 V DC, 300 mA	常闭无电压输出，接点容量为28 V DC, 100 mA	豪恩	
LH-901B+	DC 9~16 V	≤22 mA	-10~+50	12	90°	最佳为1.8，不防宠物时为2.2	壁挂	双元低噪声热释电红外传感器	常闭/常开可选，接点容量为60 V DC, 300 mA	常闭无电压输出，接点容量为28 V DC, 100 mA	豪恩	防宠物（≤25 kg）

续表

型号	工作电压/V	消耗电流	工作温度/℃	探测距离/m	探测角度	安装高度/m	安装方式	传感器类型	报警输出	防拆开关	厂家	备注
LH-934IC	DC 9~16	≤30 mA	-10~+50	12	110°	2.2	壁挂	双元低噪声热释电红外传感器	常闭/常开可选，接点容量为28 V DC，80 mA	常闭无电压输出，接点容量为28 V DC，100 mA	豪恩	微波+被动红外+人工智能
LH-922BC	DC 9~16	≤35 mA	-10~+50	12×12	90°	最佳为1.8，不防宠物为1.8~2.2	壁挂	双元低噪声热释电红外传感器	常闭/常开可选，接点容量为60 V DC，100 mA	常闭无电压输出，接点容量为28 V DC，100 mA	豪恩	微波+被动红外+人工智能+防宠物（≤35kg）
LH-914C	DC 9~16	≤30 mA	-10~+50	12×12		2.2左右	壁挂	双元低噪声热释电红外传感器	常闭常开可选，接点容量为28 V DC，80 mA	常闭无电压输出，接点容量为28 V DC，100 mA	豪恩	多普勒（效应）+能量分析
LH-910D	DC 9~16	≤30 mA	-10~+50	12×12		2.2左右	壁挂	双元低噪声热释电红外传感器	常闭常开可选，接点容量为28 V DC，80 mA	常闭无电压输出，接点容量为28 V DC，100 mA	豪恩	微波+被动红外+人工智能
LH-933B	DC 9~16	≤25 mA	-10~+50	为5（吸顶）；6（壁挂）	15°	1.8（壁挂），2.5~6（吸顶）	壁挂/吸顶	双元低噪声热释电红外传感器	常闭常开可选，接点容量为28 V DC，80 mA	常闭无电压输出，接点容量为28 V DC，100 mA	豪恩	幕帘式被动红外入侵报警可探测0.3~3 m/s速度

续表

型号	工作电压/V	消耗电流	工作温度/℃	探测距离/m	探测角度	安装高度/m	安装方式	传感器类型	报警输出	防拆开关	厂家	备注
LH-917D	DC 9~16	≤20 mA	-10~+50	3.2×3.6（防盗），1.8×2.2（门禁）	15°	2.5~3.6	壁挂	双元低噪声热释电红外传感器	常闭常开可选，接点为28 V容量为 DC，80 mA	常闭无电压输出，接点容量为28 V DC，100 mA	豪恩	
LH-913C	DC 9~16	≤18 mA	-10~+50			2.5~6	吸顶	双元低噪声热释电红外传感器	常闭常开可选，接点为60 V容量为 DC，100 mA	常闭无电压输出，接点容量为28 V DC，100 mA	豪恩	微波+被动红外+人工智能
LH-909D+	DC 9~16	≤25 mA	-10~+50	8	15°	3.6以下	壁挂/吸顶	双元低噪声热释电红外传感器	常闭常开可选，接点为60 V容量为 DC，100 mA	常闭无电压输出，接点容量为28 V DC，100 mA	豪恩	
LH-926B	DC 9~16	≤20 mA	-10~+50	12	110°	2.2	壁挂	双元低噪声热释电红外传感器	常闭常开可选，接点为28 V容量为 DC，80 mA	常闭无电压输出，接点容量为28 V DC，100 mA	豪恩	
LH-915D	DC 9~16	≤20 mA	-10~+50	8	15°	2.2（壁挂），2.4~3.6（吸顶）	壁挂/吸顶	双元低噪声热释电红外传感器	常闭常开可选，接点为60 V容量为 DC，300 mA	常闭无电压输出，接点容量为28 V DC，100 mA	豪恩	防尘，防虫

续表

型号	工作电压/V	消耗电流	工作温度/℃	探测距离/m	探测角度	安装高度/m	安装方式	传感器类型	报警输出	防拆开关	厂家	备注
LH-912E	DC 9~16	报警时小于30 mA；待机时小于20 mA，延时小于30 mA	-10~+50	8	15°	2	壁挂	四元低噪声热释电红外传感器	常开常闭可选，接点容量为28 V DC，80 mA	常闭无电压输出，接点容量为28 V DC，100 mA	豪恩	定时器选择；自检时间为60 s；报警持续时间为5 s
LH-905A-2	DC 9~16	≤20 mA	-10~+50	直径为6（高度3.6）		2.5~6	吸顶	双元低噪声热释电红外传感器	常闭，接点容量为28 V DC，100 mA	常闭无电压输出，接点容量为28 V DC，100 mA	豪恩	报警延时可选
ISC-BPR2	DC 9~15	10 mA	-30~+55	12	附件的旋转角度	2.2~2.75	壁挂		常闭，接点容量为25 V DC，100 mA	常闭，接点容量≤100 mA，25 V DC	博世	防宠物（≤20 kg）
ISC-BPR-WPC12-CHI	DC 9~15	10 mA	-30~+55	12×1.5	附件的旋转角度	2.2~2.75	壁挂		常闭，接点容量为25 V DC，100 mA	常闭，接点容量≤100 mA，25 V DC	博世	防宠物（≤20 kg），动态温度补偿
ISN-AP1-P PET FRIENDLY	DC 9~15	待机为15 mA；报警为25 mA	0~+49	7.5×7.5	附件的旋转角度	2.0~2.4	壁挂		常闭，接点容量为28 V DC，125 mA	常闭，接点容量≤125 mA，28 V DC	博世	防宠物（≤20 kg），防射频干扰

续表

型号	工作电压/V	消耗电流	工作温度/℃	探测距离/m	探测角度	安装高度/m	安装方式	传感器类型	报警输出	防拆开关	厂家	备注
ISN－AP1－B	DC 9～15	待机为15 mA;报警为25 mA	0～+49	1×11	附件的旋转度	2.0～2.4	壁挂		常闭,接点容量为28 V DC,125 mA	常闭,接点容量≤125 mA,28 V DC	博世	防气流,防虫
ISN－AP1, ISN－A1－T, ISN－AP1－T－CHI	DC 9～15	待机为15 mA;报警为25 mA	0～+49	7.5×7.5	附件的旋转度	2.0～2.4	壁挂		常闭,接点容量为28 V DC,125 mA	常闭,接点容量≤125 mA,28 V DC	博世	防气流,防虫
蓝色第2代三技术	DC 9～15	10 mA	−30～+55	12×12	附件的旋转度	2.0～2.4	壁挂		常闭,接点容量为25 V DC,100 mA		博世	微波+被动红外+防宠物(≤45 kg)
ISC－CDL1－W15X	DC 9～15	待机为15 mA;报警16 mA	−30～+55	15×15	附件的旋转度	2.2～2.75	壁挂		常闭,接点容量为25 V DC,100 mA	常闭,接点容量≤100 mA,25 V DC	博世	被动红外+微波多普勒;防小动物(≤4.5 kg)
ISC－PCL1－W18X	DC 9～15	25 mA	−29～+55	18×25	附件的旋转度	2.0～3.0	壁挂		常闭,接点容量为25 V DC,125 mA	常闭,接点容量≤125 mA,25 V DC	博世	微波+被动红外;防气流和昆虫,防射频干扰
ISC－PCL1－W15X	DC 9～15	待机为15 mA;报警为16 mA	−30～+55	15×15	附件的旋转度	2.3～2.75	壁挂		常闭,接点容量为25 V DC,125 mA	常闭,接点容量≤125 mA,25 V DC	博世	防遮挡+主动红外+被动红外+微波

续表

型号	工作电压/V	消耗电流	工作温度/℃	探测距离/m	探测角度	安装高度/m	安装方式	传感器类型	报警输出	防拆开关	厂家	备注
ISM – BLD1 BLUE LINETRITECH	DC 10~14	15 mA	-20~+49	11×11	附件的旋转度	2.3~2.7	壁挂		常闭,接点容量为 25 V DC,125 mA	常闭,接点容量 ≤125 mA,25 V DC	博世	微波+被动红外+防气流和昆虫
PROFESSIONAL	DC 9~15	25 mA	-30~+55	30×2.6	附件的旋转度	2.1~3	壁挂		常闭,接点容量为 25 V DC,125 mA	常闭,接点容量 ≤125 mA,25 V DC	博世	传感器数据融合技术;微波+被动红外;防气流和昆虫
DS936	DC 9~15	25 mA	-39~+49	360°× 7.5 m	15°	2~3.6	吸顶		常闭,接点容量为 28 V DC,125 mA	常闭,接点容量 ≤125 mA,28 V DC	博世	
DS969	DC 9~15	25 mA	-40~+49	360°×21	10°	3~7.6	吸顶		常闭,接点容量为 28 V DC,125 mA	常闭,接点容量 ≤125 mA,28 V DC	博世	模块化底座和分体式安装底座
DS9370	DC 9~15	19 mA(待机),39 mA(报警)	-40℃~+49℃	360°×21		3~7.6	吸顶		常闭,接点容量为 28 V DC,125 mA	常闭,接点容量 ≤125 mA,28 V DC	博世	模块化底座和分体式安装底座

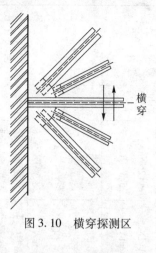

图 3.10　横穿探测区

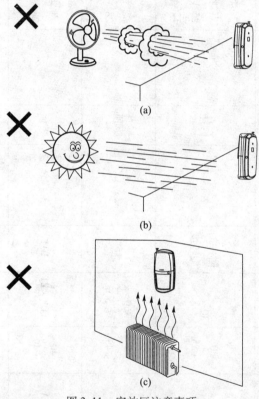

图 3.11　安放区注意事项

项目知识 2　可燃气体、火灾探测器的主要参数与设备选型

可燃气体探测器是对单一或多种可燃气体浓度响应的探测器。按照使用环境可以分为工业用气体探测器和家用燃气探测器，如图 3.12 所示。接下来对家用燃气探测器进行重点介绍。

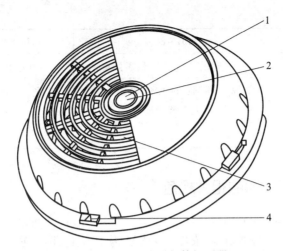

图 3.12　独立式可燃气体探测器

1—绿色：正常工作指示灯，红色：报警指示灯，黄色：故障指示灯；

2—模拟测试/复位按键；3—气体对流窗；4—安装对位指示

可燃气体探测器有催化型、红外光型两种类型。催化型可燃气体探测器是利用难熔金属铂丝加热后的电阻变化来测定可燃气体浓度。当可燃气体进入探测器时，在铂丝表面引起氧化反应（无焰燃烧），其产生的热量使得铂丝的温度升高，而铂丝的电阻率便发生变化。红外光型是利用红外传感器通过红外线光源的吸收原理来检测现场环境的可燃气体。

可燃气体探测器采用单片机技术，选用比较先进的小电流进口气敏元件，内置温度补偿模块，工作稳定，能够及时探测到泄漏的燃气，准确地发出声光报警信号，适用于家庭、宾馆、公寓等存在可燃气体的场所进行安全监控。

一、可燃气体探测器的主要参数与设备选型

常见的可燃气体探测器主要分为壁挂式与吸顶式两种，其主要参数与设备性能见表 3.4。

表 3.4　可燃气体探测器的主要参数与设备性能

型号	LH – 86 +	LH – 88（Ⅱ）＋/LH – 88 ＋
探测气体	天然气	天然气
工作电压/V	DC 10 ~ 24	DC 10 ~ 24
静态电流/mA	≤100	≤100
报警电流/mA	≤150	≤150
报警浓度	8% LEL	8% LEL
安装方式	吸顶	壁挂
报警浓度误差	±3% LEL	±3% LEL
工作环境	0 ℃ ~ +55 ℃； 相对湿度：≤95% RH	– 10 ℃ ~ +55 ℃； 相对湿度：≤95% RH

型号	LH – 86 +	LH – 88（II）+/LH – 88 +
报警当时	声光报警器、常开/常闭可选	声光报警器、常开/常闭可选
备注	声光、联网；抗 EMI、REI 干扰； 人工智能技术	声光、联网；抗 EMI、REI 干扰； 人工智能技术
厂家	豪恩	豪恩

二、可燃气体探测器的相关规范

1. 可燃气体（combustible gas）定义

可燃气体系指气体的爆炸下限浓度（$V\%$）为 10% 以下或爆炸上限与下限之差大于 20% 的甲类可燃气体或液化烃。甲 B、乙 A 类可燃液体气化后形成的可燃气体中或含有少量有毒气体。

2. 最高容许浓度（allowable maximum concentration）

最高容许浓度是指室内空间空气中有害物质的最高容许浓度，即人员活动地点空气中有害物质所不应超过的数值，此数值亦称上限量。LEL：可燃气体爆炸下限浓度（$V\%$）值。

3. 可燃气体探测器的安装规范

探测器宜布置在可燃气体或有毒气体释放源的最小频率风向的上风侧，同时可燃气体探测器的有效覆盖水平面的半径，室内宜为 7.5 m，室外宜为 15 m。在有效覆盖面积内，可设一台探测器，有毒气体探测器与释放源的距离，室外不宜大于 2 m，室内不宜大于 1 m。

按相关规范规定，在设置可燃气体或有毒气体探测器的场所，宜采用固定式，当不具备设置固定式的条件时，应配置便携式探测器。

4. 可燃气体探测器的指示误差和报警误差规定

（1）可燃气体的指示误差：当指示范围为 0~100% LEL（最低爆炸浓度）时，为 ±5% LEL。

（2）有毒气体的指示误差：当指示范围为 0~3 TLV（最高容许浓度）时，为 ±10% 指示值；当指示范围高于 3 TLV 时，为 ±10% 量程值。

（3）可燃气体的报警误差：±25% 设定值以内。

（4）有毒气体的报警误差：±25% 设定值以内。

（5）当电源电压的变化小于或等于 10% 时，指示和报警精度不得降低。

5. 可燃气体探测器系统的构成要求

（1）当选用 mV 频率信号或 4~20 mA 信号输出的探测器时，指示探测器宜为专用的探测控制器；也可选用信号设定器加闪光报警单元构成的探测器；至联锁保护系统及报警记录设备的信号，宜从探测控制器或信号设定器输出。

（2）当选用触点输出的探测器时，报警信号宜直接接至闪光报警系统或联锁保护系统，接至报警记录设备的信号可以经过闪光报警系统或联锁保护系统输出。

（3）可燃气体或有毒气体探测报警的数据采集系统，宜采用专用的数据采集单元或设备，不宜将可燃气体或有毒气体探测器接入其他信号采集单元或设备内，避免混用。

6. 探测器防爆类型的选用规定

（1）根据使用场所爆炸危险区域的划分，选择检测器的防爆类型；

（2）根据被检测的可燃性气体的类别、级别、组别选择探测器的防爆等级、组别；

（3）对催化燃烧型检验器，宜选用隔爆型；

（4）对电化学型检测器和半导体型检测器，可选用隔爆型或本质安全防爆型；

（5）对电动吸入式探测器应选用隔爆结构。

7. 指示报警器或报警器应具有的基本功能

（1）能为可燃气体或有毒气体探测器及所连接的其他部件供电。

（2）能直接或间接地接收可燃气体和/或有毒气体探测器及其他报警触发部件的报警信号，发出声光报警信号，并予以保持。声报警信号应能手动消除，再次有报警信号输入时仍能发出警报。

（3）探测可燃气体的测量范围为：0～100% LEL；有毒气体的测量范围宜为0～3 TLV。在上述测量范围内，指示报警器应能分别给予明确的指示；若采用无测量值指示功能的报警器，应将模拟信号引入多点信号巡检仪、DCS或其他仪表设备进行指示。

（4）指示报警器（报警控制器）应具有为消防设备或联锁保护用的开关量输出功能。

（5）多点式指示报警器或报警器应具有相对独立、互不影响的报警功能，并能区分和识别报警场所位号。

（6）指示报警器或报警器发出报警后，即使环境内气体浓度发生变化，仍应继续报警，只有经确认并采取措施后，才停止报警。

（7）在下列情况下，指示报警器应能发出与可燃气体或有毒气体浓度报警信号有明显区别的声、光故障报警信号。

①指示报警器与检测器之间连线断路；

②检测器内部元件失效；

③指示报警器电源欠压。

（8）报警记录设备应具有以下功能：

①能记录可燃气体和有毒气体报警时间，计时装置的日计时误差不超过30 s；

②能显示当前报警部位总数；

③能区分最先报警部位；

④能追索显示至少1周内的报警部位，并区分最先报警部位。

项目知识3　声音、破拆类报警器的主要参数与设备选型

一、声音报警器

家居安防系统中的声音报警器主要针对玻璃破碎的声音进行测定。玻璃破碎报警器的工作原理为：利用压电陶瓷片的压电效应（压电陶瓷片在外力作用下产生扭曲、变形时将会在其表面产生电荷），可以制成玻璃破碎入侵报警器。对高频的玻璃破碎声音（10～15 kHz）进行有效检测，而对10 kHz以下的声音信号（如说话、走路声）有较强的抑制作用。玻璃

破碎声发射频率的高低、强度的大小同玻璃厚度和面积有关。

玻璃破碎报警器按照工作原理的不同大致分为两大类：一类是声控型的单技术玻璃破碎报警器，它实际上是一种具有选频作用（带宽 10～15 kHz）的、具有特殊用途（可将玻璃破碎时产生的高频信号驱除）的声控报警器。另一类是双技术玻璃破碎报警器，其中包括声控–震动型和次声波–玻璃破碎高频声响型。

声控–震动型是将声控与震动探测两种技术组合在一起，只有同时探测到玻璃破碎时发出的高频声音信号和敲击玻璃引起的震动，才输出报警信号。次声波–玻璃破碎高频声响双技术报警器是将次声波探测技术和玻璃破碎高频声响探测技术组合到一起，只有同时探测到敲击玻璃和玻璃破碎时发出的高频声响信号和引起的次声波信号才触发报警。

玻璃破碎报警器要尽量靠近所要保护的玻璃，并尽量远离噪声干扰源，如尖锐的金属撞击声、铃声、汽笛的啸叫声等，减少误报警。

玻璃破碎报警器按照安装方式的不同大致分为无线玻璃破碎报警器和有线玻璃破碎报警器两大类。

无线玻璃破碎报警器的功能特点：采用双频率模式识别，9 m 的探测范围，墙壁和前盖防拆保护，带壁挂/吸顶旋转支架的设计可实现最佳安装性能。RWT6G 能够探测绝大多数常见玻璃的破碎，如：平板玻璃、钢化玻璃、夹层玻璃和嵌丝玻璃，同时忽略非框架式玻璃破碎或其他可能的误报警源。

有线玻璃破碎报警器的功能特点：采用微机处理，避免一切非框架安装玻璃及其他物体（如钥匙、电话铃、电视、空调等）的声音所造成的误报。适用于平板玻璃、钢化玻璃、叠层玻璃和镀膜玻璃。对保护区内的所有声音，以 40 000 次/s 的频率取样后，经过先进的微机数字处理技术，对 30 个相关的时间段的声音进行分析和滤波，以做出准确的判断。精细的智能型听觉能够分辨出各类玻璃的破碎声音，而排除所有非框架式玻璃破碎的声音和其他可能引起误报警的声源（钥匙、电话铃、空调等）。

1. 声音（玻璃破碎）报警器的主要参数与设备选型

声音（玻璃破碎）报警器的主要参数与设备选型见表 3.5。

表 3.5　声音（玻璃破碎）报警器的主要参数与设备选型

型号	DS1101i	DS1102i	DS1109i	LH–501
工作电流/mA	23	23	21	25
工作电压（DC）/V	6～15	6～15	9～15	9～16
操作温度/℃	–29～+49	–29～+49	–29～+49	–10～+80
报警输出	28 V DC，125 mA	28 V DC，125 mA	28 V DC，125 mA	有（常闭）
防拆开关	常闭防拆开关 28 V DC，125 mA	常闭防拆开关 28 V DC，125 mA	常闭防拆开关 28 V DC，125 mA	有（常闭）
备注	基于微处理器的声音分析	基于微处理器的声音分析	防射频干扰；基于微处理器的SAT；内置门或床磁控开关	抗EMI、REI干扰
厂家	博世	博世	博世	豪恩

2. 安装要求

（1）玻璃破碎报警器适用于一切需要警戒玻璃防碎的场所。除保护一般的门、窗玻璃外，对大面积的玻璃橱窗、展柜、商亭等均能进行有效的探测。

（2）安装时应将声电传感器正对着警戒的主要方向。目的是降低探测的灵敏度。

（3）安装时要尽量靠近所要保护的玻璃，尽可能远离噪声干扰源，以减少误报警。

（4）不同种类的玻璃破碎报警器，需根据其工作原理的不同进行安装。

（5）可以用一个玻璃破碎报警器来保护多面玻璃窗。

（6）窗帘、百叶窗或其他遮盖物会部分吸收玻璃破碎时发出的能量，特别是厚重的窗帘将严重阻挡声音的传播。

（7）报警器不要装在通风口或换气扇的前面，也不要靠近门铃，以确保工作的可靠性。

二、破拆类报警器

振动入侵报警器是破拆类报警器的一种，用来检测入侵者用工具破坏 ATM 机等物体所产生的机械冲击，而发出警报的探测装置，或用于探测入侵者用工具破坏建筑物等所产生的机械冲击而发出警报的探测装置，适用于不同结构的 ATM 机、保险柜、墙体、门、窗及铁护栏等物体的防范，有效地防止被防护物体遭受砸、打、撬等破坏活动。主要用于门、窗、柜员机等设备的入侵、被破坏报警。

振动入侵报警器必须要安装在被保护物体上，需用螺钉拧紧安装于易感受振动的平面上。当一次剧烈振动达到报警阈值时，报警器输出报警信息；当未能达到报警阈值的振动连续发生多次时，才输出报警信息。最大限度地减少误报。

1. 破拆类振动报警器的主要参数与设备选型

破拆类振动报警器的主要参数与设备选型见表 3.6。

表 3.6 破拆类振动报警器的主要参数与设备选型

型号	ISC – SK10 – CHI	ISN – SM	LH – 502
工作电压（DC)/V	9 ~ 15	8 ~ 16	12
工作电流/mA	8.5（待机） 12（报警）	3（待机） 6（报警）	报警 <15 待机 <10 μA
工作温度/℃	− 10 至 +55	− 40 至 +70	− 10 ~ +50
防拆功能	50 mA/30 V DC，常闭	100 mA/30 V DC，常闭	有
报警输出	常闭，100 mA/30 V DC	100 mA/30 V DC，常闭	
备注	可调整灵敏度	24 小时监控保险室的墙壁、门、保险箱、夜间保险箱和自动柜员机；使用 DIP 开关设置灵敏度；传感器和信号处理系统	抗 EMI、REI； 抗 20 000 lx 白光
厂家	博世	博世	豪恩

项目知识 4　室内安全防范系统设计与工程实施（实训项目）

随着我国全面小康建设步伐的加快，人们的生活水平有了很大提高，与此同时，社会人口的流动性大大增加了，社会结构日趋复杂，社会治安日趋困难。因此，人们对生命财产的安全越来越重视，现代化安全防范技术也得到了越来越广泛的应用。

一、住宅室内安全防范系统的设计与施工

1. 项目需求分析

近年来，随着我国国民经济和人民生活水平的不断提高，全国建成了许许多多的现代化住宅小区。由于城市人口膨胀、外来人口的增加及煤气和大量家用电器设备使用中的不安全因素增加等，给居民生命和财产带来的威胁也日益产生，主要包括两方面，一方面是人为引起的破坏，如盗窃、抢劫、凶杀；另一方面是自然灾害引起的破坏，如火灾、煤气泄漏。因此，人们越来越迫切地要求采用有效的措施，以满足日益增长的安全防范要求。

由于现代人工作比较忙，白天家里通常没有人，容易产生入室盗窃、抢劫等隐患。传统的防盗网可以减少这些隐患，但在实际使用中却暴露了很多问题，例如市容的美观、火灾以后的逃生以及为犯罪分子提供翻越条件等，所以需要新型的防盗安防系统。

现代居民使用的主要是管道天然气。存在由于连接灶具的胶管老化或者对设备使用不当发生泄漏的情况。煤气泄漏会导致煤气中毒、引发火灾爆炸等事故，会给整个家庭带来不可挽回的悲剧，所以住宅室内安全防范系统需要防煤气泄漏报警功能。

每个家庭的安全防范系统要能在实际可能发生受侵害的情况下及时传到小区物业保安处，并及时通知住户。因此需要在住宅小区物业保卫值班室安装集中报警控制器，在住宅内安装报警器。当用户在家时，安防系统可能会出现误报，家里警报不停地响，所以需要在住宅内安装一个报警控制器，方便设防和撤防。

住宅室内安全防范系统由防盗报警系统、防火防煤气泄漏报警系统、报警控制器等组成，如图 3.13 所示。

图 3.13　住宅室内的安全防范系统的组成结构

2. 项目整体设计

通过上面的需求分析，住宅室内的安全防范系统需要防盗、防火、防煤气泄漏报警功能。

1）防盗报警系统

防盗报警功能主要用于发现有人非法侵入（如盗窃、抢劫），并向住户和住宅小区物业管理的安全保卫部门发出报警信号。

防盗防护区域可以分成两部分。一部分是住宅周界防护，即住宅四周的区域，如住宅的入户门、阳台门、窗户等；另一部分是住宅内区域防护，即住宅室内人们活动的区域，如住宅重要的房间、主要的通道等。根据住宅需要防护的区域，防盗报警系统需要红外入侵报警

器、玻璃破碎报警器、门磁感应器和报警控制器等设备。

2）报警控制系统

报警控制器又称报警控制主机，负责控制、管理本地报警系统的工作状态。报警控制器收集探测器发出的信号，按照报警器所在防区的类型与主机的工作状态（布防/撤防）做出逻辑分析，进而发出本地报警信号，同时通过通信网络向物业保安和住户发送特定的报警信号。当警情处理完后，可以通过控制中心，使住户家里的系统重新处于布防状态，接受监控。

住宅室内安全防范系统结构如图3.14所示。

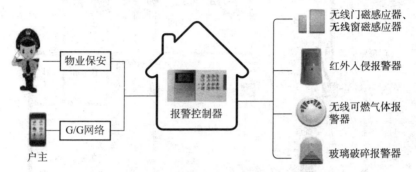

图3.14　住宅室内安全防范系统结构

下面以某一住宅为例设计安全防范系统。该住宅有两间卧室、一间书房、一间厨房、一间客厅、一间餐厅、两间卫生间和两间阳台。某住宅平面图如图3.15所示。

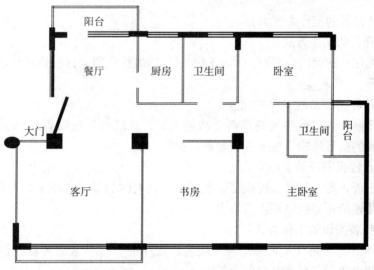

图3.15　某住宅平面图

安防设备的布置方案如图3.16所示。

（1）住户的大门设置门磁感应器。

（2）主卧室窗户上设置红外栅栏。

（3）两间阳台和客厅都要设置红外入侵报警器。

（4）住户内主要通道上要设置红外入侵报警器。

（5）窗户和阳台设置玻璃破碎报警器。

（6）在主卧室和客厅内设置了紧急呼救按钮。

（7）在厨房内设置一个可燃气体探测器，厨房内有排风机和煤气管道阀门被控设备。

（8）报警控制器设置在住户大门内附近的墙上。

（9）在室内的主要通道上设置报警扬声器，报警指示灯安装在住户的大门外。

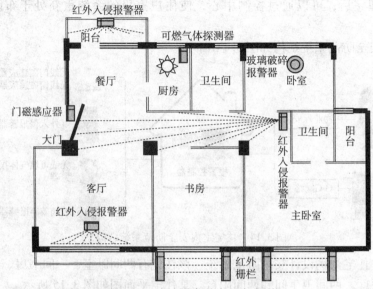

图 3.16　安防设备的布置方案图

住宅室内各设备的工作方式为：

（1）门磁开关的工作方式。

当有人破坏住户的大门或窗户而非法侵入时，门磁感应器动作，该动作信号传输给报警控制器进行报警。

（2）玻璃破碎报警器的工作方式。

当有人打坏窗户或阳台门的玻璃而非法侵入时，玻璃破碎报警器探测到玻璃破碎的声音，并将探测到的信号传输给报警控制器进行报警。

（3）红外入侵报警器的工作方式。

当有人非法侵入后，红外入侵报警器通过探测到人体的温度来确定有人非法侵入，并将探测到的信号传输给报警控制器进行报警。

（4）紧急呼救按钮的工作方式。

当遇到意外情况（如有人非法侵入或疾病）发生时，按动紧急呼救按钮向小区物业管理保安部门和邻里进行紧急呼救报警。

（5）报警扬声器、警铃的工作方式。

当门磁感应器、玻璃破碎报警器、红外入侵报警器、紧急呼救按钮等探测到有人侵入及报警后，报警控制器控制报警扬声器或警铃发出警报声。

（6）报警指示灯的工作方式。

如有报警发生，报警控制器控制报警指示灯开启，来救援的小区保安人员通过明亮的报警指示灯迅速找到报警住户。

（7）报警控制器的工作方式。

报警控制器连接门磁感应器、玻璃破碎报警器、红外入侵报警器、紧急呼救按钮、报警扬声器、警铃、报警指示灯和电话机等。

报警控制器可以根据需要设定防区和报警控制器的工作状态（布防状态和撤防状态）。报警控制器可以接收各报警器的报警信号，发出声光报警信号并可根据程序联动控制相应的设备；具有报警器被破坏报警、线路被切断报警功能。

（8）集中报警控制器的工作方式。

小区物业管理的保安人员可以通过小区集中报警控制，对小区内各住户报警控制器的工作情况进行集中监视。如果有报警发生，可监视到是哪户、哪个报警器报警，并对报警的内容进行记录和打印。小区集中报警控制器还可与计算机连接，计算机在小区安全管理系统中运行，一旦住户有警报发出，计算机立即显示出报警住户建筑物的位置、报警住户的资料、报警住户的平面图、报警器种类和位置等。

3. 项目实施

根据房屋的实际情况，确定本住宅安全防范系统所用设备的类型、型号和安装位置。

1）设备的选型

（1）红外入侵报警器的选型。

主动红外入侵报警器适合住宅周界保护区域。主动红外入侵报警器有红外对射报警器和红外栅栏。红外对射报警器主要应用于距离比较远的围墙、楼体等建筑物。而红外栅栏的探测距离比红外对射报警器近，适合安装在阳台、窗户、过道等地方。根据本住宅的实际情况，应在主卧室的窗户外安装红外栅栏。本设计采用豪恩 LHP – 4Z 型号红外栅栏，如图 3.17 所示。

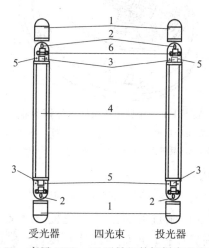

受光器　　　四光束　　　投光器

图 3.17　豪恩 LHP – 4Z 型号红外栅栏产品示意图

1—防水盖；2—安装孔；3—转动轴；4—铝型材管；5—转动轴固定螺丝；6—出线孔

住宅内的防护区域适合采用被动红外入侵报警器。住宅适合选用幕帘式红外入侵报警器，这种报警器专为住宅设计，具有方向性。布防以后，形成一道看不见的红外墙。根据房屋的格局，在阳台和主要通道安装被动红外入侵报警器。阳台的窗户是容易入侵的位置，所以选择壁挂式红外入侵报警器。本设计采用豪恩 LH – 939F 红外入侵报警器，如图 3.18 所示。

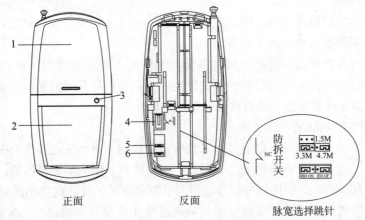

正面　　　　　反面

脉宽选择跳针

图 3.18　豪恩 LH – 939F 红外入侵报警器产品示意图

1—电池盖；2—透镜；3—LED 指示灯；4—防拆开关；5—脉宽选择跳针；6—LED 选择跳针

（2）可燃气体探测器的选型。

在厨房内设置一个可燃气体探测器。由于各种民用可燃气体的密度不同，因此吸顶式报警器只能探测比空气比重小的天然气，不能探测比空气比重大的液化石油气。现在大多家庭都使用天然气，所以本设计采用豪恩 LH – 86 吸顶式可燃气体探测器，如图 3.19 所示。

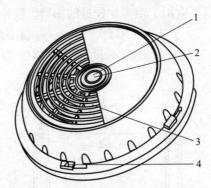

图 3.19　豪恩 LH – 86 吸顶式可燃气体探测器产品示意图

1—绿色：正常工作指示灯，红色：报警指示灯，黄色：故障指示灯；

2—模拟测试/复位按键；3—气体对流窗；4—安装对位指示

（3）玻璃破碎报警器的选型。

住宅周界防护还采用玻璃破碎报警器，玻璃破碎报警器安装住户各扇窗户和玻璃门附近的墙上或天花板上。玻璃破碎报警器仅用作周界保护，还应与红外入侵报警器同时使用。设备选用 DS1101i 系列玻璃破碎报警器，如图 3.20 所示。

2）设备安装的位置及方法

（1）红外栅栏的安装布置及方法。

红外栅栏的安装比起被动红外入侵报警器而言，难度要大一点，但只要对接线方式、位置确定和调试有足

图 3.20　DS1101i 系列玻璃破碎报警器产品外观

够的了解应该就没有问题，接线板如图3.21所示。

①确定安装位置，最好能按照设计图用铅笔或其他工具事先画好安装的位置或把红外栅栏放在平面勾画出轮廓，再用水平仪或其他工具确定安装位置。

②将4个安装座的安装孔位分别定位在安装面上作标志，保证发射接收互相对准、平行。

③用钻头打好安装孔，钉入膨胀管，然后用自攻螺钉上下固定。

④将电源线从安装座穿线孔中穿入，再穿过引线座的穿线孔，最后将电源线的正、负极按照电源线的"＋""－"标志正确接入接线柱并拧紧。

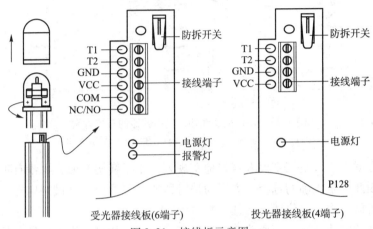

图3.21　接线板示意图

接线端子说明如下：

T1，T2：防拆开关输出端。

GND：电源负极。

VCC：电源正极。

COM，NC/NO：继电器常闭输出端，报警时断开（可选，默认常闭输出）。

⑤将防水盖推移出，从铝型材管上端拔下转动轴，抽出接线板，如图3.22所示。

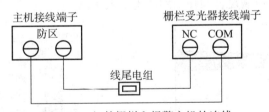

图3.22　红外栅栏和报警主机的连线

（2）被动式红外入侵报警器的安装。

被动式红外入侵报警器对垂直于探测区方向的人体运动最敏感，其探测范围从俯视图看是一个扇形，要使探测器有最佳的捕捉信号能力，最简单的方法就是必须使入侵的路径横切该扇形的半径。布置时应利用这个特性以达到最佳效果，同时还要注意其探测范围和水平视角，安装时要防止死角。

几种被动红外入侵报警器的布置方案对比如图3.23所示。

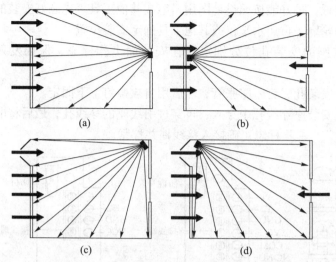

图3.23　几种被动红外入侵报警器的布置方案

(a) 方案一；(b) 方案二；(c) 方案三；(d) 方案四

方案一、方案二、方案三都没有很好地实现入侵路径横切扇形，也没有很好地解决正对玻璃的问题，因此不是正确的选择。方案四报警器的入侵路径完全横切扇形，且没有正对玻璃，基本没有盲区，因此该位置是最佳安装位置。

确定了最佳的安装位置，还要确定合理的安装高度。如果忽视了报警器的安装高度对报警器性能的影响，那后果将是可怕的。报警器应都标明合适的安装高度，只有报警器固定在相应的高度内，才能保证报警器拥有最佳的探测性能并最有效地避免盲区。可以从侧视图看被动红外入侵报警器的探测区域，类似于直角三角形，要使报警器具有良好的信号捕捉能力，要确保侵入探测区域的人体不断接触直角斜边。安装在标称高度范围内的报警器可拥有很好的探测性能。

选用的LH-939F被动红外入侵报警器，其探测范围是8 m（见图3.24），安装高度是2.2 m（见图3.25），可以满足普通住宅距离上的要求。

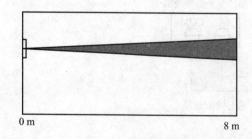

图3.24　LH-939F的探测距离

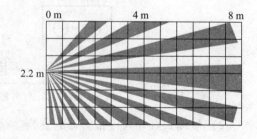

图3.25　LH-939F安装高度是2.2 m

LH-939F可以使用墙壁式安装也可以使用吊顶式安装或支架安装。根据房屋的结构，阳台使用吊顶式安装，通道使用墙壁式安装。

①吊顶式安装。

a. 选择好吊顶的位置，用螺丝固定好支架底座（见图3.26）。

b. 将下壳和支架球头对准后，锁紧螺丝（见图3.27）。

c. 安装好电池，并将上壳和底壳扣好（见图3.28）。

d. 锁紧螺丝，调整好探测位置，安装完毕（见图3.29）。

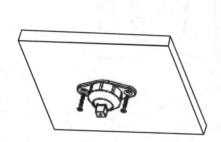

图 3.26　固定底座

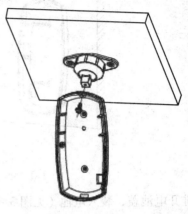

图 3.27　固定底座和下壳

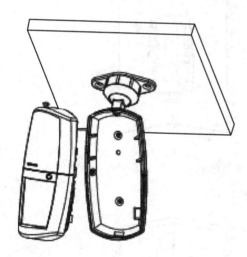

图 3.28　扣好外壳

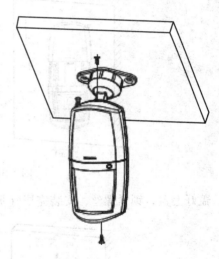

图 3.29　锁紧螺丝调整位置

②墙壁式安装。

a. 拉下卡扣，取下底壳（见图3.30）。

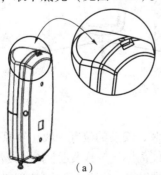

（a）

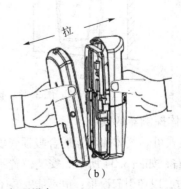

拉

（b）

图 3.30　打开设备

b. 固定底壳（见图 3.31）。

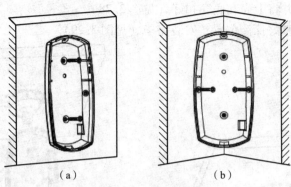

图 3.31　固定底壳

（a）墙壁式安装；（b）墙角式安装

c. 推开电池盖，装入电池（见图 3.32）。

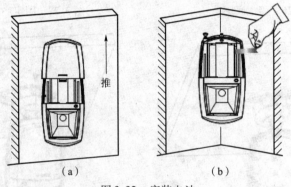

（a）　　　　　　　　　（b）

图 3.32　安装电池

d. 盖好上盖，锁紧螺丝，安装完毕（见图 3.33）。

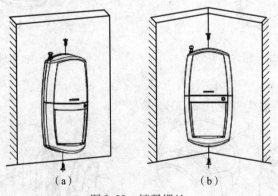

（a）　　　　　　　　　（b）

图 3.33　锁紧螺丝

（3）可燃气体探测器的安装。

LH-86 独立式可燃气体探测器适合吸顶式安装，安装的位置一般在气源上方的天花板上，距离气源 2 m 左右，如图 3.34 所示。安装位置不能离燃气炉具太近，以免设备被烘烤；不能安装在油烟大的地方，以免引起误报；也不能安装于排气扇、门边、窗边和浴室等水汽较大处。

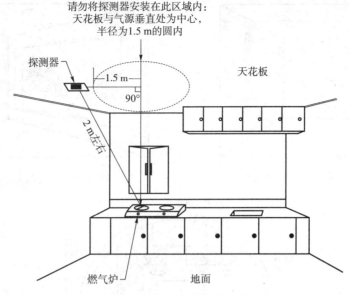

图 3.34　可燃气体探测器的安装位置

按接线图接好线，如图 3.35 所示。

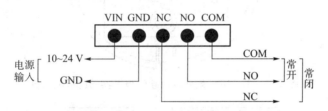

图 3.35　LH－86 可燃气体探测器的接线

（4）玻璃破碎报警器的安装。

报警器安装在被测玻璃紧邻的天花板上或正对的墙壁上，不要在被保护玻璃的同一墙壁上安装报警器。避免靠近警铃、风扇、压缩机和发出大声音的物体。最佳安装位置是距玻璃 3~6 m 的位置，并与玻璃中心对齐。安装在天花板或被保护玻璃对面的墙壁上，不可超出最大距离。报警器应安装在被保护玻璃中心的 ±30° 范围内。

DS1101i 系列玻璃破碎报警器的最大探测距离为距玻璃面积不低于 0.3 m×0.3 m，最远角为 7.6 m（用一条 7.6 m 的线系在报警器上，线应能接触到被保护玻璃的各个部分，如果线绳不能接触到玻璃的某个位置，则表示已超出了探测范围，应加装报警器）。

安装报警器的位置与玻璃之间应无任何物体。报警器应安装在被保护玻璃中心的 ±30° 范围内（见图 3.36 和图 3.37 中的 B 线），确保报警器距玻璃任何一角的距离不超过 7.6 m（见图 3.36 和图 3.37 中的 A 线）。

确定了安装位置之后，首先从外壳上取下电路板，然后使用外壳上的安装孔，把报警器固定在安装表面上，最后重新装上电路板，如图 3.38 和图 3.39 所示。

（5）集中报警控制器的安装。

集中报警控制器设置在住宅小区物业管理部门的安全保卫值班室内。

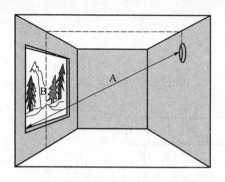

图 3.36　安装在相对墙壁

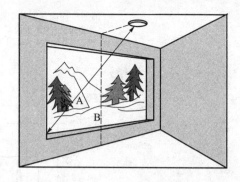

图 3.37　安装在天花板上

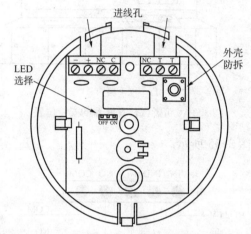

图 3.38　DS1101i 系列玻璃破碎报警器的内部电路板

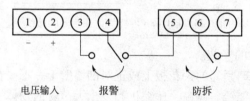

图 3.39　DS1101i – HI/DS1102i – CHI 的接线图

（6）报警控制器的安装。

报警控制器安装在各住户大门内附近的墙上，以便人们出入住宅时进行设置。

（7）紧急呼救按钮的安装。

紧急呼救按钮主要安装在主卧室和客厅的墙上。

（8）报警扬声器、警铃的安装。

报警扬声器、警铃可安装在室内或阳台的墙上或天花板上。

4. 项目调试、检测

1）LH –939F 红外入侵报警器的调试和测试

被动红外入侵报警器主要调试报警器的最远探测距离、探测角度、最大探测宽度、下视死角区。

第一步：报警器在通电后 2 min 内自检和初始化，在这期间探头不会有任何反应，等 2 min 后，若保护区内无运动物体，则 LED 指示灯处于熄灭状态。

第二步：步行通过探测范围的最远端，向报警器靠近，测试几次，观察 LED 指示灯。触发 LED 指示灯的位置即为被动红外探测范围的边界。

第三步：从相反方向步行，以确定两边的周界。应使探测中心指向被保护区的中心。左右移动透视镜窗，探测范围可以水平移动 10°。

第四步：从距探测器 3~6 m 处，慢慢地举起手臂，并深入探测区，标注被动红外报警的下部边界。重复上述做法以确定上部边界。探测区中心不应向上倾斜。

第五步：如果不能获得理想的探测距离，则应上下调整探测范围，以确保报警器的指向不会太高或太低。调整时拧紧调节螺钉，上下移动电路板，上移时被动红外探测区向下移。

测试：接通电源，探测器进入 1 min 预热状态。预热后进入正常监测状态，测试人员穿过监测区域，LED 指示灯亮，同时探测器向外发送报警信号。20 min 后自动进入使用模式。如果报警 1 次后，在 5 min 内，即使红外入侵报警器再感应到信号，报警器也不向外发送信号，5 min 后报警器再感应到信号，报警器才向外发射信号。

2）红外栅栏的调试和测试

调整投光器和受光器，保证发射和接收窗口平行对射。接通投光器和受光器电源。若受光器自检通过，则进入正常工作状态。自检不通过则重新调整投光器或受光器的角度，或清除遮挡物直至自检通过。

测试：单独挡住任意一束光，预警；挡住 2 束光，报警；每做一次查看并调整 LED 灯和蜂鸣器。若 10 s 后消警，则表示已对准，否则继续调整。

3）可燃气体探测器的调试和测试

LH-86 独立式可燃气体探测器可以单独作为报警器使用，也可以用于联网。给报警器接通电源，电路进入自检的状态，指示灯呈黄色闪亮一次，蜂鸣器"嘀"一声，电路进入预热状态，这时指示灯呈绿色并每秒闪烁。绿色指示灯常亮，表示报警器进入正常工作状态。如果根据报警主机的要求选择常开/常闭接点，则将报警器与主机相连。在正常工作状态下，按下测试键一次，报警器进入自检程序，此时继电器不动作。如果指示灯呈黄色常亮，则表示内部有故障，先要关掉电源，重启。

测试：可燃气体探测器安装完毕后，可用打火机在距离气体对流窗 5 cm 左右的距离向周围释放少量的气体来检验报警器的报警情况。报警器报警时会有联网信号输出，可以作为系统联网调试用。

4）玻璃破碎报警器的调试和测试

玻璃破碎报警器的测试分为环境测试和反应测试。

（1）环境测试。

①报警器必须在测试模式（通电后，报警器将进入测试模式 5 min）下。

②在 5 min 的测试期间，LED 以闪亮频率来显示其高、低频率信号的干扰情形。LED 的不规律闪亮为正常情况。

③打开所有的噪声源（如：大功率鼓风机、空调机及压缩式电动机等）。

④每探测到一次低频干扰信号，LED 会每秒闪亮 5 次。如果 15 s 内出现一次以上这种情况，或报警器发出报警，则不要在此位置安装报警器。

⑤每探测出一次高频干扰信号，LED 会闪亮一次。如果每隔 15 s 出现一次以上这种情况，则不可在此位置安装报警器。

（2）反应测试。

DS1110i 测试仪产生使报警器报警的高频音，以进一步校验适当的安装位置。不可把测试仪直接指向自己或他人的耳朵，否则会损坏听力。

①把 DS1110i 测试仪靠近被测试的窗户，并指向报警器。如果有窗帘或百叶窗遮住窗户，则拉上它们，如图 3.40 所示。

如有窗帘、百叶窗等遮挡物，测试仪应在遮挡物后测试

DS1110i测试仪靠近被测试的窗口，并指向测试器

图 3.40　玻璃破碎报警器的反应测试

②触发测试仪。把测试仪设定到自动模式，使其每 6 s 触发一次，这样可更好地观察报警器 LED 的变化情形。

③如果是可接受的安装位置，报警/测试 LED 及报警继电器将触发 3 s。通过把门开大约一寸①的小缝，再用力关上，则可以测试报警器对低频的反应情形（仍处于测试模式时），报警器会显示报警。

④在报警器测试的最后 10 s 内，LED 不断闪动。如果想在 5 min 的测试期间结束测试模式的话，可将一磁铁靠近报警器外壳的标志"T"处。

二、商铺室内安全防范系统设计与施工

商铺作为现代城市不可缺少的一部分，其随意性、灵活性及实用性给市民提供了方便，与此同时也潜藏了一部分安全隐患，这些潜在的安全隐患可能会给商铺带来了一定的损失。所以为商铺建立一套安防系统显得尤为重要。

1. 项目需求分析

现代城市的商业广场里积聚了大量的商铺。商铺室内安防面临的主要问题是财物安全和人身安全。商铺的财物安全方面包括抢劫、偷盗、顺手牵羊、易燃物品着火等问题。商铺的人身安全包括劫持人质、凶杀、火灾等问题。

随着经济的快速发展，外来人口的增多，有些人就萌生了不劳而获的想法。由于商铺一般会有大量的物品、金钱，这就成了不法分子的目标，所以需要建立监控系统。目前很多商铺都安有监控，但不能达到报警功能，有时商铺没有人，容易发生盗窃等事故，所以需要防盗报警系统。

商铺里有大量的货物，容易被易燃物品点燃引发火灾。对财务和人身造成致命的伤害。所以商铺室内安全防范系统需要防火报警功能。

当商铺的安全受到侵害，此种情况需要及时传到商业广场的物业管理处，并及时通知报警

---

① 1 寸 = 0.033 米。

中心和商铺主人。需要在商业广场的物业保卫值班室安装集中报警控制器。商铺与住宅一样，也需要在室内安装一个报警控制器，方便设防和撤防。

综上所述，商铺室内的安全防范系统需要由防盗报警系统、防火报警系统、报警控制器等组成（见图 3.41）。下面着重介绍防盗报警系统。

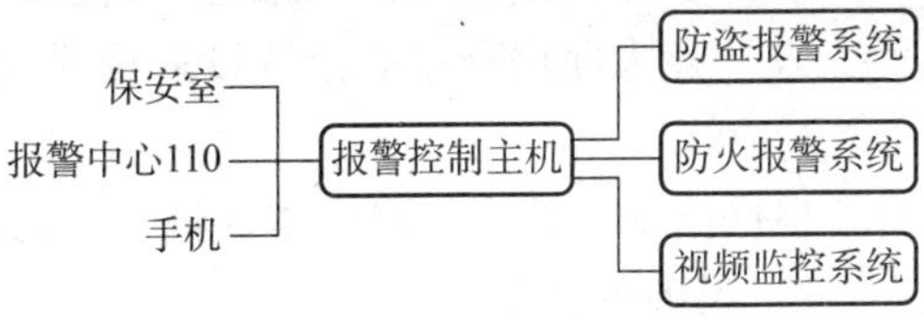

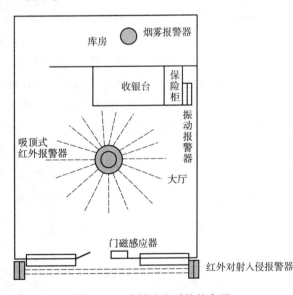

图 3.41 商铺室内安全防范系统

2. 项目整体设计

以某商业广场的一个商铺为例（见图 3.42），设计商铺室内安防系统，商铺面积 50 m²，单层，有大厅和库房。

防盗报警系统在白天主要用于发生抢劫的情况，其向商业广场物业管理处和报警中心发出报警信号。

商铺相对住宅来说门窗数量少，但是门窗的面积比较大，需要探测距离更大的红外入侵报警器。商铺有专门的库房存放货物，为防止发生偷盗或火灾，需要红外入侵报警器和烟雾报警器。商铺会有保险柜来存放一些现金，如有人撬保险柜，则用振动报警器就可以探测到保险柜受到冲击，并产生报警输出。

白天商铺的人流量比较大，需要报警控制器按照各种报警器所在防区的类型布防或撤防。当发生警情时，报警控制器会收集各报警器的数据作出判断，向商铺所在管理处、报警中心发出警报并及时通知商户。

商铺安防设备的布置方案如图 3.43 所示。

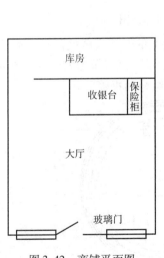

图 3.42 商铺平面图

图 3.43 商铺防盗系统的布置

（1）商铺的大门设置门磁感应器。

（2）商铺的门窗外围设置红外入侵对射报警器。

（3）商铺收银台附近设置振动报警器。

（4）商铺的库房设置烟雾报警器。

（5）在收银台设置紧急报警按钮。

（6）在库房墙面上设置报警控制器。

（7）在大厅房顶中心位置设置吸顶式红外报警器。

3. 项目实施

根据商铺的特点，确定本商铺安全防范系统所用设备的类型、型号和安装位置。

1）设备的选型

（1）红外入侵报警器的选型。

商铺的门窗比较大，选择适合应用于距离比较远的主动红外入侵报警器。根据本商铺的情况，在门窗外安装红外入侵对射报警器。本设计采用 LHP - 100D（20D - IN）主动红外入侵报警器，如图 3.44 所示。

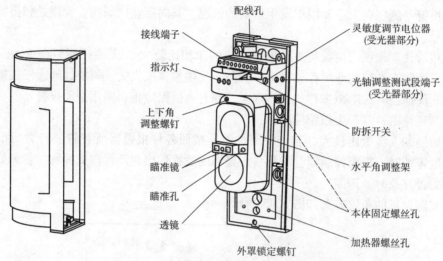

图 3.44 LHP - 100D 主动红外入侵报警器示意图

商铺室内防护区域面积大、空间高，需要采用探测角度大的红外入侵报警器。本设计选择毫恩 LH - 913C 吸顶智能三鉴式入侵报警器，如图 3.45 所示。该报警器安装在 3.6 m 处，探测范围为 8 m。该报警器为微波、被动红外、人工智能相结合的报警器。

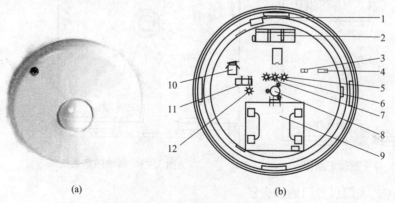

(a)　　　　　　　　　(b)

图 3.45 LH - 913C 智能三鉴式入侵报警器产品示意图

(a) 外形；(b) 结构

1—出线口；2—接线端子；3—LED 跳针；4—RELAY 跳针；5—绿色 LED；
6—红色 LED；7—黄色 LED；8—双元热释红外传感器；9—微波模块；
10—Microwave 调节电位器；11—防拆开关；12—固定螺丝

（2）振动报警器的选型。

为了有效地防止店铺保险柜等物体遭到砸、打、撬等破坏行为。本设计选用 ISC – SK10 – CHI 振动报警器。ISC – SK10 – CHI 是一款设计先进的振动报警器，可以使用于 ATM 机、保险柜和门窗的安全防护。该报警器主要用于探测机械振动，例如：爆破、锤击、电钻和电锯等。安装调试简易、灵活，如图 3.46 所示。

图 3.46　ISC – SK10 – CHI 振动报警器的产品示意图

2）设备的安装方法

（1）LHP – 100D 主动红外入侵报警器的安装方法。

①确定报警器的安装高度和探测距离，如图 3.47 所示。根据商铺门窗的位置，将报警器安装到墙面上，采用墙体安装的方法。

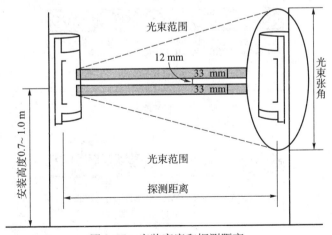

图 3.47　安装高度和探测距离

②拧下固定螺丝，取下外罩，将附带的安装孔对位图纸粘在墙上，按其孔位打孔，如图 3.48 所示。

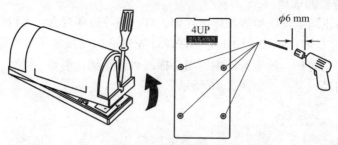

图 3.48　取下外罩打孔

③卸下椭圆防水胶圈，穿孔过线后将椭圆防水胶带装回配线孔位，将本体固定在墙面上，如图 3.49 所示。

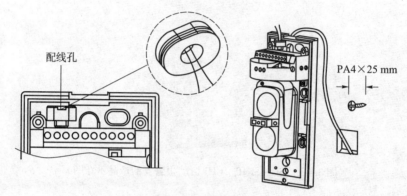

图 3.49　穿孔过线

④线接在接线端子上，端子配线如图 3.50 所示。

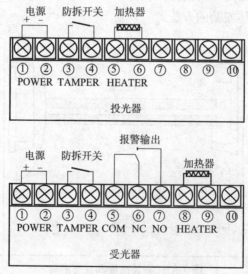

图 3.50　端子配线图

（2）LH－913C 智能三鉴式入侵报警器的调试安装方法。

确定要探测的区域，将报警器安装到探测区域上方的房顶上，如图 3.51 所示。

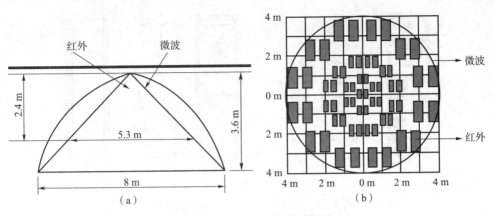

图 3.51 LH-913C 的检测范围

用螺丝将报警器支架固定在天花板选中的位置，取下报警器的盖子，将底壳固定在报警器支架上。按接线图接好线，然后盖上报警器的盖子，如图 3.52 所示。

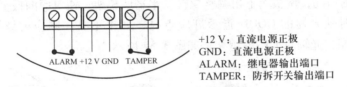

+12 V：直流电源正极
GND：直流电源正极
ALARM：继电器输出端口
TAMPER：防拆开关输出端口

图 3.52 LH-913C 的接线示意图

（3）振动报警器的安装。

振动报警器必须安装在被保护的物体上，需用螺钉拧紧安装于易感受振动的平面上。当一次剧烈振动达到报警阈值时，探测器输出报警信息。安装步骤如下。

①使用一字螺丝刀逆时针旋转 90°旋松锁扣，打开外壳，见图 3-53（a）。

②使用 AB 胶或两个 ST2.9×13 mm 螺丝将底板固定，见图 3-53（b）。

③从护线套中穿入线缆，依次连接线缆到接线端子排，使用束带收紧线缆。

④选择安装模式，设置合适的灵敏度，见图 3-53（c）。

⑤将外壳卡扣对准底板卡槽，合上报警器，然后使用一字螺丝刀顺时针旋转 90°锁紧锁扣，见图 3-53（d）。

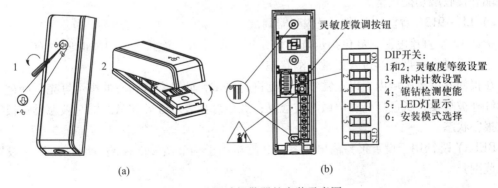

图 3.53 振动报警器的安装示意图

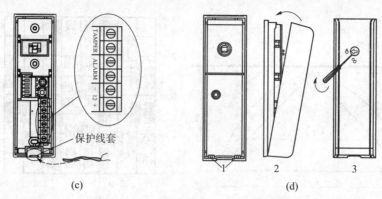

图 3.53 振动报警器的安装示意图（续）

4. 项目调试、检测

1）红外对射入侵报警器的调试

红外对射入侵报警器的调试主要是光轴调整。打开探头的外罩，把眼睛对准瞄准镜，观察瞄准器内影像的情况，调整上下角调整螺钉及水平调整架，使对面的报警器影像落入瞄准孔中间部位。此时受光器的 GOOD 指示灯应点亮，如果不亮，则应继续调整光轴。绿色 LEVEL 指示灯越亮，光轴对准精度越亮，如图 3.54 所示。

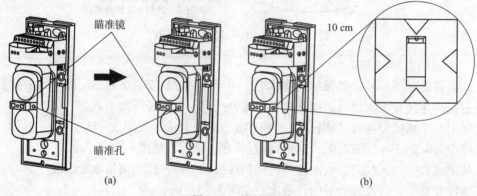

图 3.54 光轴调整

接收端上红色警戒指示灯熄灭、绿色指示灯长亮而且无闪烁现象，表示光轴重合正常，发射端和接收端功能正常。

2）LH－913C 智能三鉴式入侵探测器调试

接通 12 V 直流电源，红色指示灯闪烁，报警器进入自检状态，自检时间约 60 s，指示灯停止闪烁时表示报警器进入正常检测状态。

在报警器覆盖区域内，以正常步行速度进行测试，此时会有相应的指示灯亮。绿色灯亮表示红外被触发；黄色灯亮表示微波被触发；红色灯亮表示红外和微波同时被触发，报警器进入报警状态。

RELAY 跳针用于设置报警输出状态。电位器用于调节微波的探测范围（出厂时设置为最大范围）。

3）振动报警器调试

（1）上电，等待 2 s。此时不能移动报警器，并避免其他干扰。

（2）使用合适的工具在探测范围内敲击。在 3 min 内报警器模拟报警并记录最大振动数据。

（3）当红色 LED 灯快速闪烁（0.25 s 亮，0.25 s 灭，重复）时，将 DIP#6 设置为 OFF。此时 LED 灯转为慢闪、恒亮或恒灭。

（4）根据 LED 指示灯的状态，调整灵敏度，直到 LED 灯熄灭。调整灵敏度分为粗调和细调。

粗调：通过#1和#2DIP 开关设置灵敏度，见表 3.7。

表 3.7　#1和#2DIP 开关可设置的 4 个等级的灵敏度

灵敏度等级	DIP#1	DIP#2
高	ON	ON
中高	ON	OFF
中低	OFF	ON
低（预设）	OFF	OFF

细调：通过旋钮精确地调整灵敏度水平。报警器上有一个微调旋钮（见图 3.55）用以调整灵敏度水平。顺时针旋转旋钮，中心点向（＋）方向旋转，增加灵敏度。逆时针旋转旋钮，中心点向（－）方向旋转，降低灵敏度。预设值为中间位置。

图 3.55　灵敏度微调旋钮

如果 LED 灯慢闪，则需要粗调，LED 灯转为恒亮或恒灭。当 LED 灯恒亮时，灵敏度等级选择合适，无须粗调，但需慢慢调整微调旋钮，直到 LED 灯熄灭。LED 灯熄灭表示灵敏度合适，无须调整。

项目四

火灾自动报警与联动控制系统

【教学导航】

主要学习任务	火灾自动报警设备与总线设备的参数和功能； 火灾自动报警与联动控制系统的调试； 电子编码器的使用； 消防广播系统的调试； 消防泵的控制与联动； 湿式自动喷淋系统的控制与联动； 防烟排烟系统的控制与联动	参考学时	28
学习目标	熟悉火灾自动报警与联动控制系统的构成； 具备火灾自动报警与联动控制系统主要设备选型的能力； 具备火灾自动报警与联动控制系统设计、调试的能力		
学习资源	多媒体网络平台、教材、PPT和视频等；一体化安防系统工程实验室		
教学方法、手段	引导法、讨论法、演示教学、项目驱动教学法		
教学过程设计	火灾报警系统联动案例→给出工程案例→分析系统构成→激发学生学习兴趣，做好学前铺垫		
考核评价	理论知识考核（40%），实操能力考核（50%），自我评价（10%）		

火灾自动报警与联动系统是防范火灾、扑灭火灾的主要设施，包括触发元件探测器、手动报警按钮、火灾报警控制器、声光警报装置、声光报警器、控制装置控制模块、应急广播、消防电话等装置。通过这些设备可以及时发现火灾、报警、联动灭火和减灾，如图4.1所示。报警控制器的基本功能如下。

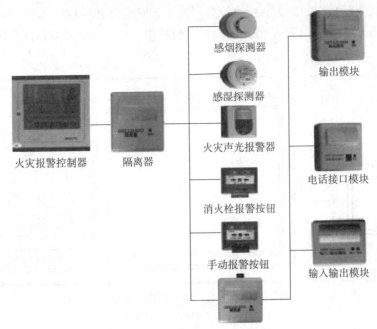

图 4.1　火灾自动报警与联动系统的组成结构

火灾报警：当接收到探测器、手动报警按钮、消火栓按钮、输入模块传过来的火警信号时，报警控制器打开报警控制灯并发出火灾音响信号，显示报警地址号及报警总数。

故障报警：当系统正常工作时，报警控制器对现场设备及电源进行监视。故障时，点亮故障灯，显示故障部位。

火警优先：在故障和火警信号同时出现的情况下，优先进行火警报警，火警解除恢复故障报警状态。

自动巡检：报警长期处于监控状态，当进入巡检状态时，凡是处于正常运行的元件会向控制器发出火警信号，报警控制器接收到该信号报警，则表明该元件处于正常工作状态。

测试：报警控制器可以测试现场设备的信号电压、总线电压，判断现场元件是否正常。

火灾报警控制器是系统的"大脑"，处理整个系统的各种信息，各种探测器、手动报警按钮感知火灾的发生，接口模块执行火灾报警控制器的指令，并接受现场灭火减灾设备的反馈信号。

【项目知识】

项目知识1　火灾自动报警设备与总线设备的参数和功能

一、火灾报警控制器

火灾报警控制器是火灾自动报警与联动系统的核心设备，接收系统的火灾信息并处理，发出控制指令，驱动相应的防火、灭火设备。图4.2所示为JB-QB-GST200（以下简称为GST200）火灾报警控制器（联动型）的面板，包括指示灯区、液晶显示区和按键区。

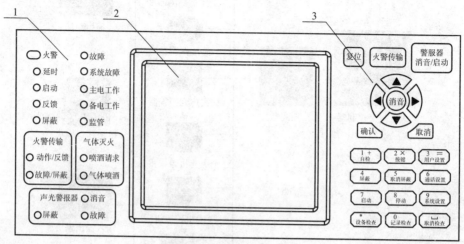

图4.2　JB-QB-GST200火灾报警控制器（联动型）的面板（1）

1—指示灯区；2—液晶显示区；3—按键区

指示灯区：显示报警控制器的特殊功能和特别指示。

液晶显示区：设置报警控制器，可以人机对话，实时显示系统的工作状况。

按键区：设置参数。

指示灯功能：

（1）火警灯：红色，此灯亮表示控制器检测到外接探测器、手动报警按钮等处于火警状态。控制器进行复位操作后，此灯熄灭。

（2）延时灯：红色，指示控制器处于延时状态。

（3）启动灯：红色，当控制器发出启动命令时，此灯闪亮；在启动过程中，当控制器检测到反馈信号时，此灯常亮。控制器进行复位操作后，此灯熄灭。

（4）反馈灯：红色，此灯亮表示控制器检测到外接被控设备的反馈信号。反馈信号消失或控制器进行复位操作后，此灯熄灭。

（5）屏蔽灯：黄色，当有设备处于被屏蔽状态时，此灯点亮，此时报警系统中被屏蔽设备的功能丧失，需要尽快恢复，并加强被屏蔽设备所处区域的人员检查。当控制器没有屏蔽信息时，此灯自动熄灭。

（6）故障灯：黄色，此灯亮表示控制器检测到外部设备（探测器、模块或火灾显示盘）有故障或控制器本身出现故障。除总线短路故障需要手动排除外，其他故障排除后可自动恢复。当所有故障被排除或控制器进行复位操作后，此灯会随之熄灭。

（7）系统故障灯：黄色，此灯亮，指示控制器处于不能正常使用的故障状态，需要维修。

（8）主电工作灯：绿色，控制器使用主电源供电时灯亮。

（9）备电工作灯：绿色，控制器使用备用电源供电时灯亮。

（10）监管灯：红色，此灯亮表示控制器检测到总线上的监管类设备报警，控制器进行复位操作后，此灯熄灭。

（11）火警传输动作/反馈灯：红色，此灯闪亮表示控制器对火警传输线路上的设备发送启动信息；此灯常亮表示控制器接收到火警传输设备反馈回来的信号，控制器进行复位操作后，此灯熄灭。

（12）火警传输故障/屏蔽灯：黄色，此灯闪亮表示控制器检测到火警传输线路上的设备故障；此灯常亮表示控制器屏蔽掉火警传输线路上的设备，当设备恢复正常后此灯自动熄灭。

（13）气体灭火喷洒请求灯：红色，此灯亮表示控制器已发出气体启动命令，启动命令消失或控制器进行复位操作后，此灯熄灭。

（14）气体灭火气体喷洒灯：红色，气体灭火设备喷洒后，控制器收到气体灭火设备的反馈信息后此灯亮。反馈信息消失或控制器进行复位操作后，此灯熄灭。

（15）声光警报器屏蔽灯：黄色，指示声光警报器是否处于屏蔽状态，当声光警报器屏蔽时，此灯点亮。

（16）声光警报器消音灯：黄色，指示报警系统内的警报器是否处于消音状态。当警报器处于输出状态时，按"警报器消音/启动"键，警报器输出将停止，同时警报器消音指示灯点亮。若再次按下"警报器消音/启动"键或有新的警报发生时，警报器将再次输出，同时警报器消音指示灯熄灭。

（17）声光警报器故障灯：黄色，指示声光警报器是否处于故障状态，声光警报器故障时，此灯点亮。

手动盘与多线控制盘功能：按键直接启动消防设备，在火灾发生时，在报警控制室按下手动盘或多线控制盘上的按键可以启动相应设备，进行灭火，如图4.3所示。

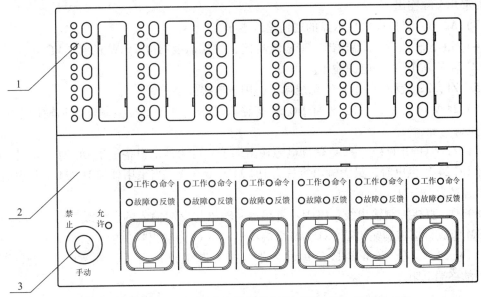

图4.3　JB－QB－GST200火灾报警控制器（联动型）的面板（2）
1—手动盘；2—多线控制盘；3—手动允许锁

手动盘与多线控制盘：手动盘的每一单元均有一个按键、两只指示灯（启动灯在上，反馈灯在下，均为红色）和一个标签。其中，按键为启/停控制键，如按下某一单元的控制键，则该单元的启动灯亮，并有控制命令发出。如被控设备响应，则反馈灯亮。用户可将各按键所对应的设备名称书写在设备标签上，然后与膜片一同固定在手动盘上。

多线制控制盘每路的输出都具有短路和断路检测功能，并有相应的灯光指示。每路输出均有相应的手动直接控制按键，整个多线制控制盘具有手动控制锁，只有手动锁处于允许状态，才能使用手动直接控制按键。其采用模块化结构，由手动操作部分和输出控制部分构成；手动操作部分包含手动允许锁和手动启停按键，输出控制部分包含6路输出。它与现场设备采用4线连接，其中两线用于控制启停设备，另两线用于接收现场设备的反馈信号，输出控制和反馈输入均具有检线功能。每路提供一组DC 24 V有源输出和一组无源触点反馈输入。

火灾报警控制器的外接端子：火灾报警控制器的外接端子如图4.4所示。

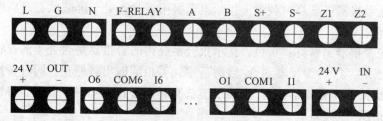

图4.4 火灾报警控制器的外接端子

火灾报警控制器的外接端子定义：

（1）L，G，N：交流220 V接线端子及交流接地端子，连接外部220 V电源。

（2）F-RELAY：故障输出端子，当主板上NC短接时，为常闭无源输出；当NO短接时，为常开无源输出。

（3）A，B：连接火灾显示盘的通信总线端子。

（4）S+，S-：警报器输出，带检线功能，终端需要接0.25 W的4.7 kΩ电阻，输出时有DC 24 V/0.15 A的电源输出。

（5）Z1，Z2：无极性信号二总线端子，用于连接外部总线元件。

（6）24 V IN（+、-）：外部DC 24 V输入端子，可为直接控制输出和辅助电源输出提供电源。

（7）24 V OUT（+、-）：辅助电源输出端子，可为外部设备提供DC 24 V电源，当采用内部DC 24 V供电时，最大输出容量为DC 24 V/0.3 A，当采用外部DC 24 V供电时，最大输出容量为DC 24 V/2 A。

（8）O：直接控制输出线。COM：直接控制输出与反馈输入的公共线。I：反馈输入线。O、COM组成直接控制输出端，O为输出端正极，COM为输出端负极，启动后O与COM之间输出DC 24 V。I、COM组成反馈输入端，接无源触点；为了检线，I与COM之间接4.7 kΩ的终端电阻。

二、总线元件

元件是连接在报警控制器上总线的报警或执行元件，一般有一个总线地址，可以通过总线和报警控制器进行通信、火灾信息采集和执行火灾报警控制器发出的命令。

1. 隔离器

1）隔离器的功能

隔离器一般安装在总线的分支处，可以隔离总线回路上有故障的支路，而不影响正常元件的工作。隔离器无须编码，不具有总线地址码。

具有 4 个接线端子 Z1、Z2（输入信号总线，无极性）和 ZO1、ZO2（输出信号总线，无极性），如图 4.5 和图 4.6 所示。

图 4.5　隔离器实物图

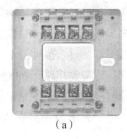

（a）　　　　　　　　（b）

图 4.6　隔离器底座、端子图

2）接线方法

Z1、Z2 端子连接消防主机总线；ZO1、ZO2 端子连接各个消防模块总线。

2. 火灾探测器

（1）JTY－GD－G3 智能光电感烟探测器是采用红外线散射的原理探测火灾。在无烟状态下，只接收很弱的红外光，当有烟尘进入时，由于散射的作用，接收光信号增强；当烟尘达到一定浓度时，可输出报警信号。为减少干扰及降低功耗，发射电路采用脉冲方式工作，以提高发射管的使用寿命。该探测器占一个节点地址，采用电子编码方式，通过编码器读/写地址。图 4.7 所示为常见的感烟探测器，图 4.8 所示为其底座。

图 4.7　感烟探测器实物

图 4.8　探测器底座

技术参数：

①工作电压：信号总线电压：24 V；允许范围：16～28 V。

②工作电流：监视电流≤0.8 mA；报警电流≤2.0 mA。

③灵敏度（响应阈值）：可设定 3 个灵敏度级别，探测器出厂灵敏度级别为 2 级。当现场环境需要在少量烟雾情况下快速报警时，可以将灵敏度级别设定为 1 级；当现场环境灰尘较多时或者在风沙较多的情况下，可以将灵敏度级别设定为 3 级。

④响应阈值：0.11～0.27 dB/m。

⑤报警确认灯：红色，巡检时闪烁，报警时常亮。

⑥编码方式：电子编码（编码范围为 1～242）。

⑦线制：信号二总线，无极性。

（2）JTW－ZCD－G3N 智能电子差定温感温探测器采用热敏电阻作为传感器，传感器输出的电信号经变换后输入单片机，单片机利用智能算法进行信号处理。当单片机检测到火警信号后，向控制器发出火灾报警信息，并通过控制器点亮火警指示灯，如图 4.9 所示。图 4.8 所示为其底座图（感烟探测器与感温探测器的底座可共用）。

技术参数：

①工作电压：信号总线电压：24 V；允许范围：16~28 V。

②工作电流：监视电流≤0.8 mA；报警电流≤2.0 mA。

③报警确认灯：红色（巡检时闪烁，报警时常亮）。

④编码方式：十进制电子编码，编码范围在 1~242。

（3）接线方法：总线 Z1、Z2 只需要接端子的对角即可，且不分正负；将回路上上总线端子 Z1、Z2 对应连接；每个探测器在系统中应有一个地址码，将电子编码器连接线的一端插在编码器的总线插口内，另一端的两个夹子分别夹在光电感烟探测器的两根总线端子 Z1、Z2 上。

3. 手动报警按钮

（1）手动报警按钮，手动报警按钮安装在公共场所。当人工确认火灾发生后按下按钮上的有机玻璃片，便可向控制器发出火灾报警信号。控制器接收到报警信号后，显示出报警按钮的编号，如图 4.10 所示。

图 4.9　感温探测器实物　　　　　图 4.10　手动报警按钮实物

（2）接线方法：Z1、Z2 为无极性信号二总线端子；K1、K2 为常开输出端子；TL1、TL2 可用作消防电话子模块来扩展可移动电话，将回路上的总线端子 Z1、Z2 对应连接；报警按钮在系统中应有一个地址码，将电子编码器连接线的一端插在编码器的总线插口内，另一端的两个夹子分别夹在光电感烟探测器的两根总线端子 Z1、Z2 上，手动报警按钮的底座、端子如图 4.11 所示。

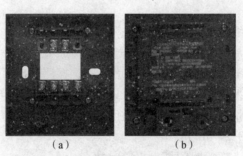

（a）　　　　　　　　　（b）

图 4.11　手动报警按钮的底座、端子

4. 讯响器

（1）讯响器在火灾发生时可以发出声光报警信号，并通过底座可以编码，如图 4.12 所示。

（2）接线方法：

讯响器的两根总线端子 Z1、Z2 与回路上的总线端子 Z1、Z2 对应连接；D1、D2 连接 24 V 电源。讯响器的底座、端子如图 4.13 所示。

图 4.12 讯响器实物

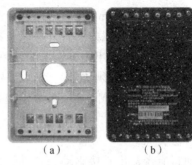

（a） （b）

图 4.13 讯响器底座、端子

5. 接口模块

1）输入/输出模块

（1）LD－8301 单输入/单输出模块。

采用电子编码器进行编码，模块内有一对常开、常闭触点。模块具有直流 24 V 电压输出，用于与继电器的触点接成有源输出，以满足现场的不同需求。另外模块还设有开关信号输入端，用来和现场设备的开关触点连接，以便对现场设备是否动作进行确认。

LD－8301 单输入/单输出模块主要用于各种一次动作并有动作信号输出的被动型设备，如：排烟阀、送风阀、防火阀等接入控制总线上的设备，实物如图 4.14 所示，图 4.15 所示为其底座、端子图。

图 4.14 LD－8301 单输入/单输出
模块实物

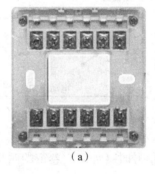

（a） （b）

图 4.15 LD－8301 单输入/单输出模块的底座、端子

端子功能（接线端子见图 4.16）：

图 4.16 LD－8301 单输入/单输出模块接线端子

①Z1，Z2：接火灾报警控制器信号二总线，无极性。

②G，NG，V＋，NO：DC 24 V 有源输出辅助端子，出厂默认为有源输出，G 和 NG 短接、V＋和 NO 短接；当需无源常开输出时，应将 G、NG、V＋、NO 之间的短路片断开。

③I，G：与被控制设备无源常开触点连接，用于实现设备动作回答确认（也可通过电子编码器设为常闭输入或自回答）。

④COM，S－：有源输出端子，启动后输出 DC 24 V，COM 为正极、S－为负极。

⑤COM，NO：无源常开输出端子。

如果模块输入端设置为"常开检线"状态输入，模块输入线末端（远离模块端）必须并联一个 4.7 kΩ 的终端电阻；模块输入端如果设置为"常闭检线"状态输入，模块输入线末端（远离模块端）必须串联一个 4.7 kΩ 的终端电阻。模块为有源输出时，G 和 NG、V＋、NO 应该短接，COM、S－ 有源输出端应并联一个 4.7 kΩ 的终端电阻，并串联一个 1N4007 二极管。

接线方法：

模块通过有源输出直接驱动一台排烟口或防火阀等（电动脱扣式）设备，通过有源输出驱动外部设备，也可以和切换模块配合使用驱动外部交流设备，接法如图 4.17 所示。

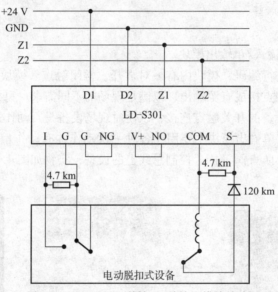

图 4.17　LD－8301 单输入/单输出模块接线

（2）LD－8303 单输入/双输出模块。

当外部设备需要二次信号时（如防火卷帘的两步下落），则需使用双输出模块，其接线端子如图 4.18 所示。

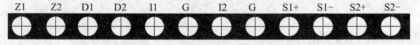

图 4.18　LD－8303 单输入/双输出模块的接线端子

端子功能：

①Z1，Z2：接火灾报警控制器信号二总线，无极性。

②D1，D2：DC 24 V 电源输入端子，无极性。

③I1，G：第一路无源输入端（可通过电子编码器设为常开检线、常闭检线、自回答方式）。

④I2，G：第二路无源输入端（可通过电子编码器设为常开检线、常闭检线、自回答方式）。

⑤S1＋，S1－：第一路有源输出端子。

⑥S2＋，S2－：第二路有源输出端子。

模块输入端如果设置为"常开检线"状态输入，则模块输入线末端（远离模块端）必须并联一个4.7 kΩ的终端电阻；模块输入端如果设置为"常闭检线"状态输入，则模块输入线末端（远离模块端）必须串联一个4.7 kΩ的终端电阻。当模块为有源输出时，有源输出端应并联一个4.7 kΩ的终端电阻，并串联一个1N4007二极管。

接线方法：火灾时，防火卷帘通常为两步下落。常在防火卷帘两侧安装感烟和感温探测器。第一步，防火卷帘旁安装的感烟探测器探测出火灾信号，通过总线发送给火灾报警控制器，火灾控制器经总线发出控制信号使模块动作，防火卷帘下降一半；当防火卷帘旁的感烟和感温探测器同时有火灾信号时，火灾探测器经总线发出控制信号驱动模块动作，防火卷帘下降至地面。S1＋、S1－产生第一步卷帘下降信号，S1＋、S1－产生第二步卷帘下降信号，接线如图4.19所示。

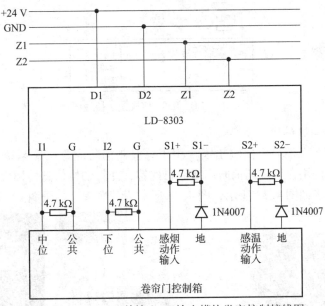

图4.19　LD－8303单输入/双输出模块卷帘控制接线图

（3）LD－8302切换模块。

当对一些交流设备进行控制时一般使用切换模块，将有源输出切换为无源的干接点输出。LD－8302切换模块端子如图4.20所示。

图4.20　LD－8302切换模块端子

端子功能：

①NC，COM，NO：常闭、常开控制触点输出端子。

②O，G：有源DC 24 V控制信号输入端子，输入无极性。

接线方法：如图 4.21 所示，模块 8301 通过 S－、COM 输出有源信号，接入模块 8302 的 O、G 端，产生无源信号通过 COM、NO 输出，驱动交流接触器线圈。

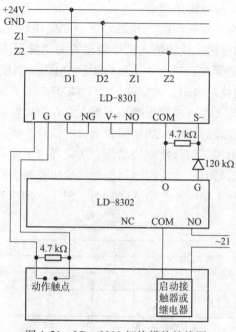

图 4.21　LD－8302 切换模块接线图

（4）消防广播输出模块。

GST－LD－8305 型消防广播输出模块用于总线制消防应急广播系统中，正常广播和消防广播间的切换。模块在切换到消防广播后自回答，并将切换信息传回火灾报警控制器，以表明切换成功，实物如图 4.22 所示，图 4.23 所示为其底座、端子图。

图 4.22　GST－LD－8305
型模块实物

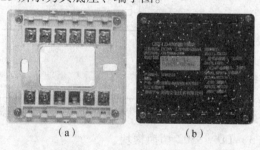

（a）　　　　　　（b）

图 4.23　GST－LD－8305 型模块底座、端子

端子功能（接线端子见图 4.24）：

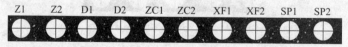

图 4.24　GST－LD－8305 型模块接线端子

①Z1，Z2：接火灾报警控制器信号二总线，无极性。

②D1，D2：DC 24 V 电源输入端子，无极性。

③ZC1，ZC2：正常广播线输入端子。

④XF1，XF2：消防广播线输入端子。

⑤SP1，SP2：与功放设备连接的输出端子。

接线方法（见图4.25）：

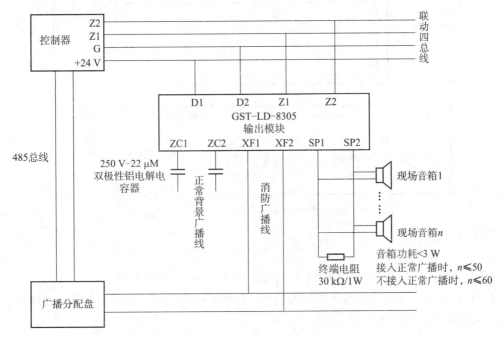

图4.25 GST-LD-8305型输出模块接线图

（5）消防电话接口模块。

消防电话接口模块通过消防电话的接口可以用外部电话通过总线进行通话，实物如图4.26所示，图4.27所示为其底座、端子图。

图4.26 消防电话接口模块实物

（a）

（b）

图4.27 消防电话模块底座、端子图

接线方法：

①Z1，Z2：接火灾报警控制器信号二总线，无极性。

②D1，D2：DC 24 V 电源输入端子，无极性。

（6）火灾楼层显示盘。

当一个系统中不安装区域报警控制器时，应在各报警区域安装区域显示器（即火灾楼层显示盘），其作用是显示来自消防中心报警器的火警信息，适用于各防火监视分区或楼层，指示楼内人员火灾发生的部位，便于人员疏散，如图 4.28 所示。

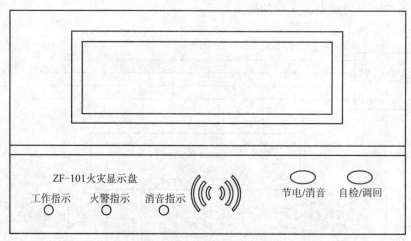

图 4.28　火灾楼层显示盘

端子功能：

①A，B：通信端子。

②D1，D2：电源端子，接 DC 24 V 电源，D1 接正极，D2 接负极。

A、B 端子分别对应接在报警控制器的 A、B 端子；D1、D2 接在 DC 24 V 电源的正、负极上，接线端子排列如图 4.29 所示。

图 4.29　火灾楼层显示盘的接线端子

项目知识 2　火灾自动报警与联动控制系统调试

火灾自动报警系统接线完成后，要进行设备调试工作。调试工作是将连接在总线上的元件与报警控制器建立通信连接，报警控制可以接收总线元件的火灾信号，同时也可以发送控制信号给总线模块，并接收模块的反馈信号。系统加电后，对火灾报警控制器进行系统设置：包括系统时间设置、密码设置、密码的更改、设备二次编码定义、联动编程和设备注册操作。

一、时间设置

时间设置就是指给系统设置时钟，以记录事件发生的时间。

按下"系统设置"键，进入系统设置操作菜单（如图 4.30 所示），再按对应的数字键即可进入相应的界面。

按 1 键进入"时间设置"界面，屏幕上会出现如图 4.31 所示的显示。

```
*系统设置操作*
1 时间设置
2 修改密码
3 网络通讯设置
4 设备定义
5 联动编程
6 调试状态

手动[√]  自动[√]  喷洒[√]    12：01
```

图 4.30　系统设置操作菜单

```
请输入当前时间
07 年 11 月 05 日 12 时 02 分 14 秒

手动 [√]   自动[√]   喷洒[√]      12：02
```

图 4.31　"时间设置"界面

通过按"△""▽"键，选择欲修改的数据块（年、月、日、时、分、秒的内容）；按"◁""▷"键，使光标停在数据块的第一位，逐个输入数据。修改完毕后，按"确认"键，便得到了新的系统时间。时间（时、分）在屏幕窗口的右下角显示。

二、密码设置

密码设置就是指设置进入权限。

除"消音""设备检查""记录检查""联动检查""锁键""取消""确认"及"△""▽""◁""▷"键外，当其他功能键被按下后，都会显示一个密码输入界面（密码由 8 位 0~9 的字符组成），只有输入正确的密码后，才可进行下一步操作。按照系统的安全性，密码权限从低到高分为用户密码、气体灭火操作密码、系统管理员密码三级，高级别密码可以替代低级别密码。

三、密码的更改

在图 4.30 所示的系统设置操作菜单中按"2"键，即可进入如图 4.32 所示的修改密码操作界面。

```
*修改密码操作*
1 用户密码
2 气体操作密码
3 管理员密码

手动 [√]   自动[√]   喷洒 [√]     12：02
```

图 4.32　修改密码操作界面

选择欲修改的密码，屏幕提示"请输入密码"（见图 4.33），此时输入新密码并按"确认"键。为防止按键失误，控制器要求将新密码重复输入一次加以确认（见图 4.34），此时再输入一次新密码，并按下"确认"键。

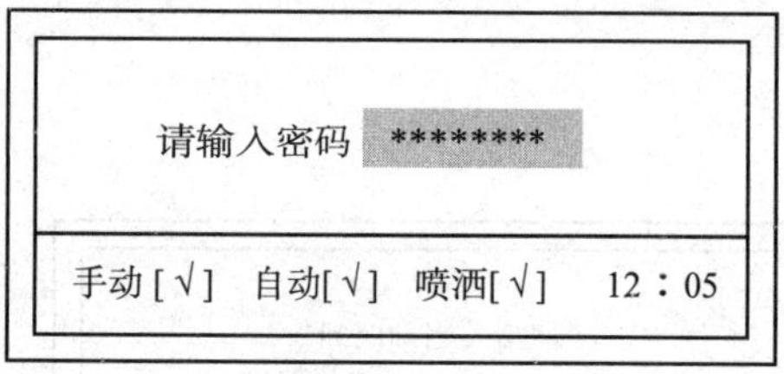

图4.33　密码输入界面

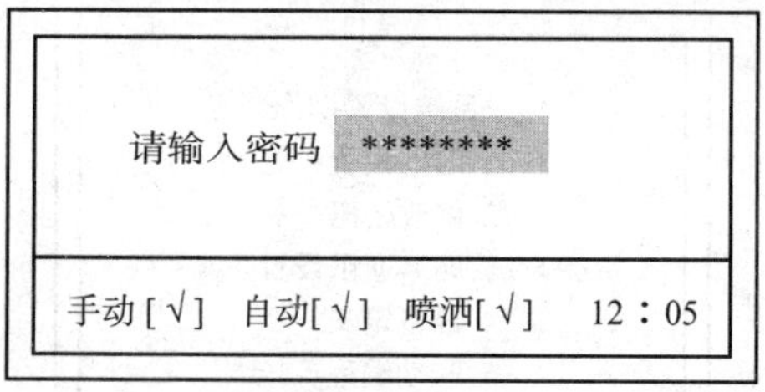

图4.34　密码确认界面

四、设备二次编程定义

为了识别总线元件的位置及工作状态，每个总线元件应设定一个唯一的二次编码。

控制器外接的设备包括火灾探测器、联动模块、火灾显示盘、网络从机、光栅机和多线制控制设备（直控输出定义）等。这些设备均需进行编码设定，每个设备对应一个原始编码和一个现场编码，设备定义就是对设备的现场编码进行设定。原始码是用编码器给总线元件定义的一个设备地址，称为一次码；现场编码也称二次码，根据编码规则可以反映总线元件所处的实际位置，与一次码一一对应，如图4.35所示。

"原码"：为该设备所在的自身编码号，外部设备（火灾探测器、联动模块）的原码号为1～242；火灾显示盘的原码号为1～64；网络从机的原码号为1～32；光栅机测温区域的原码号为1～64，对应1～4号光栅机的探测区域，从1号光栅机的1通道的1探测区顺序递增；直控输出（多线制控制的设备）的原码号为1～60。原始编码与现场布线没有关系。

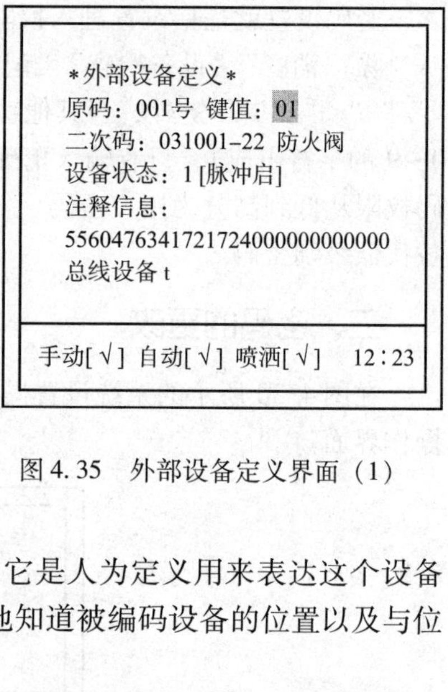

现场编码包括二次码、设备类型、设备特性和设备汉字信息。

"键值"：当为模块类设备时，是指与设备对应的手动盘按键号。当无手动盘与该设备相对应时，键值设为"00"。

图4.35　外部设备定义界面（1）

"二次码"：即为用户编码，由6位0～9的数字组成，它是人为定义用来表达这个设备所在特定现场环境的一组数，用户通过此编码可以很容易地知道被编码设备的位置以及与位置相关的其他信息。

用户编码规定如下：

第一、二位对应设备所在的楼层号，取值范围为0～99。为方便建筑物地下部分设备的定义，规定地下一层为99，地下二层为98，以此类推。

第三位对应设备所在的楼区号，取值范围为0～9。所谓楼区是指一个相对独立的建筑物，例如：一个花园小区由多栋写字楼组成，每一栋楼可视为一个楼区。

第四、五、六位对应总线制设备所在的房间号或其他可以标识特征的编码。对火灾显示盘编码时，第四位为火灾显示盘工作方式设定位，第五、六位为特征标志位。

"设备状态"：用户编码输入区"－"符号后的两位数字为设备状态代码。

设备定义操作如下：在系统设置操作界面中按"4"键，屏幕将显示如图4.36所示的设备定义操作界面，此菜单有两个可选项："设备连续定义"及"设备继承定义"。

```
        *设备定义操作*
        1 设备连续定义
        2 设备继承定义

手动[√] 自动[√] 喷洒[√]   12：24
```

图4.36　设备定义操作界面

1. 设备连续定义

在图4.36所示的屏幕状态下按"1"，则进入"设备连续定义"状态。在此状态下，系统默认设备是未曾定义过的。在输入第一个设备结束后，之后的设备定义会默认上一个设备的定义。

2. 外部设备定义

选择"外部设备定义"后，便进入外部设备定义界面，此时输入正确的原码后，按"确认"键，液晶屏将显示如图4.37所示的内容。

在设备定义的过程中，可通过按"△""▽""◁""▷"键及数字键进行定义操作。

当设备定义完成后，按"确认"键保存，再进行新的定义操作。

3. 设备继承定义

设备继承定义是将已经定义的设备信息从系统内调出，可对设备定义进行修改。

例如：已经定义032号外部设备是二次码为031032的点型感烟探测器；033号外部设备是二次码为031033、用于启动喷淋泵的模块，且其对应的手动盘键号为16号，现进行设备继承定义操作。

在设备继承定义菜单下选择"外部设备定义"选项，调出外部设备定义菜单，在该菜单下输入原码"032"后按确认键，液晶屏即会显示二次码为031032的点型感烟探测器的信息。

按两次"确认"键后，液晶屏显示的是原码为033、二次码为031033、用于启动喷淋泵模块的信息，如图4.38所示。

```
*外部设备定义*
原码：032号  键值：00
二次码：031032-03点型感烟
设备状态：1 [阈值1]
注释信息：
55604763417217240000000000000
总线设备

手动[√] 自动[√] 喷洒[√]   12：25
```

图4.37　外部设备定义界面（2）

```
*外部设备定义*
原码：001号  键值：16
二次码：031033-17喷淋泵
设备状态：1 [脉冲启]
注释信息：
55604763417217240000000000000
总线设备

手动[√] 自动[√] 喷洒[√]   12：23
```

图4.38　外部设备定义界面（3）

4. 现场设备的定义实例

定义一个第二楼区第八层楼 16 号房间的点型感烟探测器，它的原码为 36 号，由编码器编码设定（见图 4.39）。

5. 手动消防启动盘控制一般性设备的定义实例

原码为 112 号的控制模块用于控制位于第三楼区第二层的排烟风机的启动，现将其用户编码设定为 032072 号，并由手动消防启动盘的 2 号键直接控制。因为排烟风机带有启动自锁功能，所以控制模块给出一个脉冲控制信号，即可完成排烟风机的启动，故其设备特性设置应为脉冲方式。具体设备定义操作见图 4.40。

```
*外部设备定义*
原码：036号  键值：00
二次码：0820-03点型感烟
设备状态：1 [阈值1]
注释信息：
2294340516431867421433892331
二楼八层十六房

手动[√] 自动[√] 喷洒[√]  12：28
```

图 4.39 外部设备定义界面（4）

```
*外部设备定义*
原码：112号  键值：02
二次码：032072-19排烟机
设备状态：1 [脉冲启]
注释信息：
5560476341721724000000000000
总线设备

手动[√] 自动[√] 喷洒[√]  12：50
```

图 4.40 外部设备定义界面（5）

五、联动编程

联动公式是用来定义系统中报警信息与被控设备间联动关系的逻辑表达式。当系统中的探测设备报警或被控设备的状态发生变化时，控制器可按照这些逻辑表达式自动对被控设备执行"立即启动""延时启动"或"立即停动"操作。

系统联动公式由等号分成前后两部分，前面为条件，由用户编码、设备类型及关系运算符组成；后面为被联动的设备，由用户编码、设备类型及延时启动时间组成。

联动公式中的等号有 4 种表达方式，分别为" = "" = ="" =×"" = =×"；当联动条件满足时，若表达式为" = "" =×"，则被联动的设备只有在"全部自动"的状态下才可进行联动操作，若表达式为" = ="" = =×"，则被联动的设备在"部分自动"及"全部自动"的状态下均可进行联动操作。" =×"" = =×"代表停动操作，" = "" = ="代表启动操作。等号前后的设备都要求由用户编码和设备类型构成，类型不能缺省。关系符号有"与""或"两种，其中"＋"代表"或"，"×"代表"与"。等号后面的联动设备的延时时间为 0~99 s，不可缺省。若无延时，则需输入"00"来表示，联动停动操作的延时时间无效，默认为 00。

联动公式中允许有通配符，用"＊"表示，可代替 0~9 之间的任何数字。通配符既可出现在公式的条件部分，也可出现在联动部分。通配符的运用可合理简化联动公式。当其出现在条件部分时，这样一系列设备之间隐含"或"关系，例如 0＊001315 即代表 01001315 ＋ 02001315 ＋ 03001315 ＋ 04001315 ＋ 05001315 ＋ 06001315 ＋ 07001315 ＋ 08001315 ＋ 09001315 ＋ 00001315；而在联动部分，则表示有这样一组设备。在输入设备类型时也可以使用通配符。

　　在编辑联动公式时，要求联动部分的设备类型及延时启动时间之间（包括某一联动设备的设备类型与其延时启动时间及某一联动设备的延时启动时间与另一联动设备的设备类型之间）必须存在空格；在联动公式的尾部允许存在空格；除此之外的位置不允许有空格存在。

　　1. 编程举例

　　建筑物中设置火灾报警与联动控制系统，如图 4.41 所示。建筑物内设有感烟探测器、手动报警按钮、I/O 输入/输出模块。建筑物顶层设有排烟风机、加压送风机。各层内走道、消防电梯前室设有 280 ℃防火阀。消防电梯前室正压送风口通过联动编程建立联动关系。火灾发生时排烟风机启动，将建筑物内的烟雾排除，启动加压送风机给消防前室送风，使该区域形成正压。

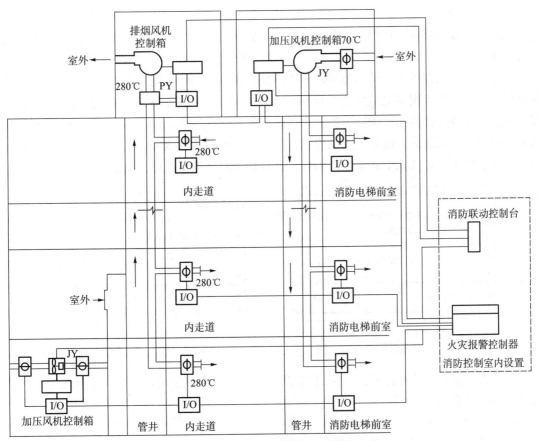

图 4.41　建筑物火灾报警与联动控制系统

　　感烟探测器报警信号"或"手动报警信号→打开本层正压送风阀→正压送风阀打开信号反馈到控制器→启动正压送风机，正压送风机启动信号反馈到报警控制器的二次码为 082016－03（第二楼区第八层楼 16 号房间）、感温探测器二次码 082019－03（第二楼区第八层楼 19 号房间），与 280 ℃防火阀配合的输出模块二次码 01001213，加压风机的设备类型为 13，与 70 ℃防火阀配合的输出模块二次码 01001319，加压风机的设备类型为 19。

　　（1）当火灾发生时，感烟探测器发出报警信号"或"手动报警信号→打开本层正压送风阀→正压送风阀打开信号反馈到控制器→启动正压送风机→正压送风机启动信号反馈到报警控制器。

（2）当火灾发生，温度达到 280 ℃时，排烟防火阀熔断关闭，启动排烟风机模块，排烟风机停止运行。

例一：01001103 + 02001113 = 01001213 00 01001319 10

表示：当 010011 号光电感烟探测器或 020011 号光电感烟探测器报警时，010012 号讯响器立即启动，010013 号排烟风机延时 10 秒启动。

例二：01001103 + 02001103 = ×01205521 00

表示：当 010011 号光电感烟探测器或 020011 号光电感烟探测器报警时，012055 号新风机立即停动。

2. 编程操作

选择系统设置操作菜单中（见图 4.30）的第 5 项，则进入"联动编程操作"界面，此时可通过键入"1""2"或"3"来选择欲编辑的联动公式的类型，如图 4.42 所示。

在联动公式编辑界面，反白显示的为当前输入位置，当输入完 1 个设备的用户编码与设备类型后，光标处于逻辑关系位置（见图 4.43），可以按 1 键输入 + 号，按 2 键输入 × 号，按 3 键进入条件选择界面。按屏幕提示可以按键选择"="" = ="" = ×"" = = ×"；公式编辑过程中在需要输入逻辑关系的位置，只有按标有逻辑关系的"1""2""3"按键可有效输入逻辑关系；公式中需要空格的位置，按任意数字键均可插入空格。

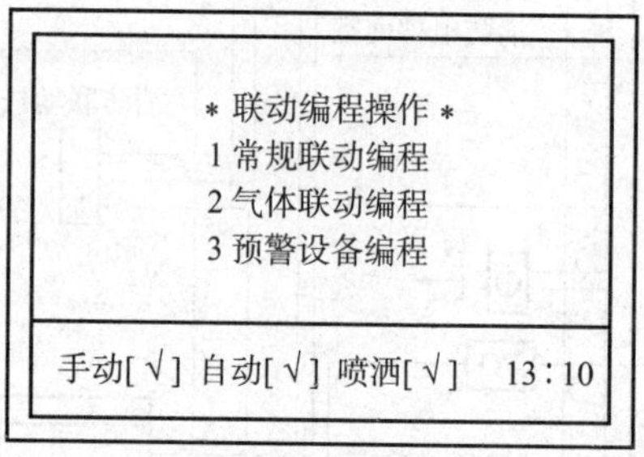

```
* 联动编程操作 *
1 常规联动编程
2 气体联动编程
3 预警设备编程

手动[√] 自动[√] 喷洒[√]   13：10
```

```
新建编程  第002     共001条
10102103+10102003=10100613 00 √

手动[√] 自动[√] 喷洒[√]   13：10
```

图 4.42　联动编程操作界面（1） 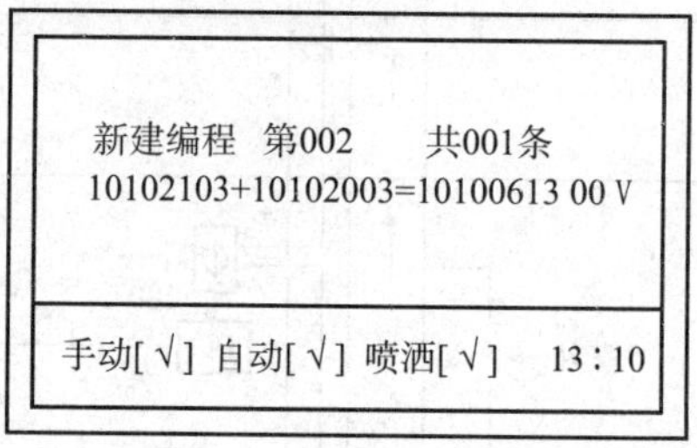　　　　图 4.43　联动公式编辑界面

在编辑联动公式的过程中，可利用"◁""▷"键改变当前的输入位置，如果下一位置为空，则回到首行。

3. 常规联动编程

选择图 4.42 中的第 1 项，通过选择"1""2""3"可对联动公式进行新建、修改及删除的操作，如图 4.44 所示。

1）新建联动公式

系统自动分配公式序号如图 4.45 所示，输入欲定义的联动公式并按"确认"键，则将联动公式存储；按"取消"退出。本系统设有联动公式语法检查功能，如果输入的联动公式正确，按"确认"键后，此条联动公式将存于存储区末端，此时屏幕会显示与图 4.45 相同的画面，只是显示的公式序号自动加一；如果输入的联动公式存在语法错误，按"确认"键后，液晶屏将提示操作失败，等待重新编辑，且光标指向第一个有错误的位置。

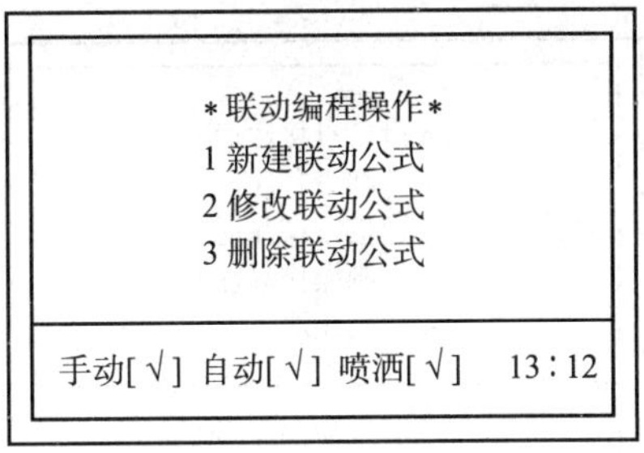

图 4.44　联动编程操作界面（2）

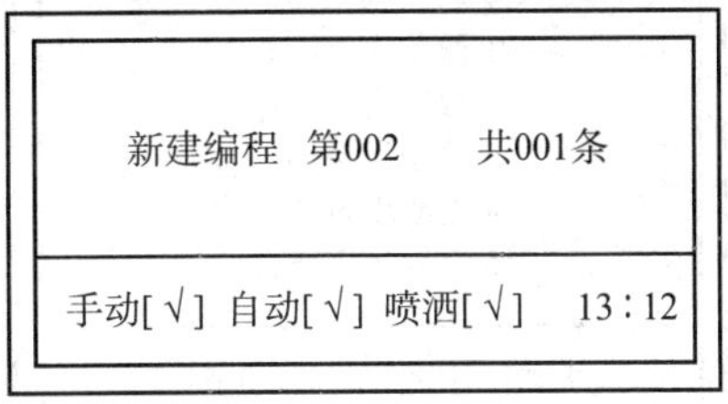

图 4.45　新建联动公式界面

2）修改联动公式

输入要修改的公式序号，确认后控制器将此序号的联动公式调出显示，等待编辑修改，如图 4.46 所示。

与新建联动公式相同，在更改联动公式时也可利用"◁""▷"键使光标指向欲修改的字符，然后进行相应的编辑，这里就不再赘述。

3）删除联动公式

输入要删除的公式号，按"确认"键执行删除，按"取消"键放弃删除，如图 4.47 所示。

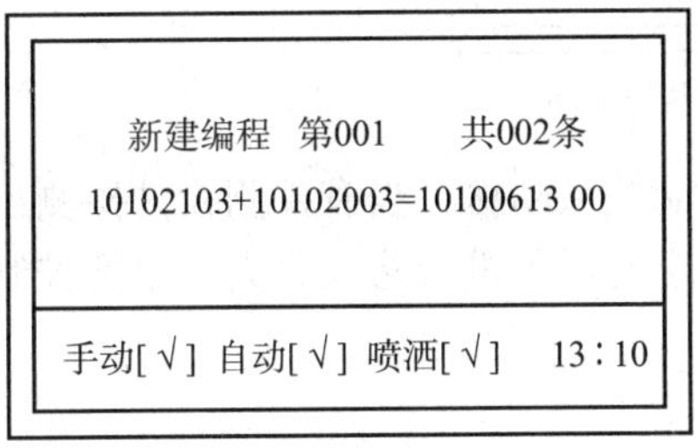

图 4.46　修改联动公式界面

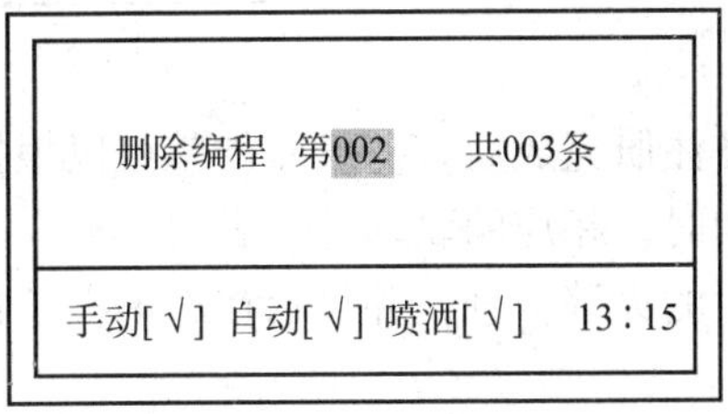

图 4.47　删除联动公式界面

注意：当输入的联动公式序号为"255"时，将删除系统内所有的联动公式，同时屏幕提示确认删除信息（见图 4.48），连按 3 次"确认"键删除，按"取消"键退出。

六、设备注册操作

设备定义和编程后，设备信息及联动关系还没有进入火灾报警控制系统，必须进行设备定义操作，这些信息才能生成为报警控制器可执行的信息，因此要进行设备注册操作。

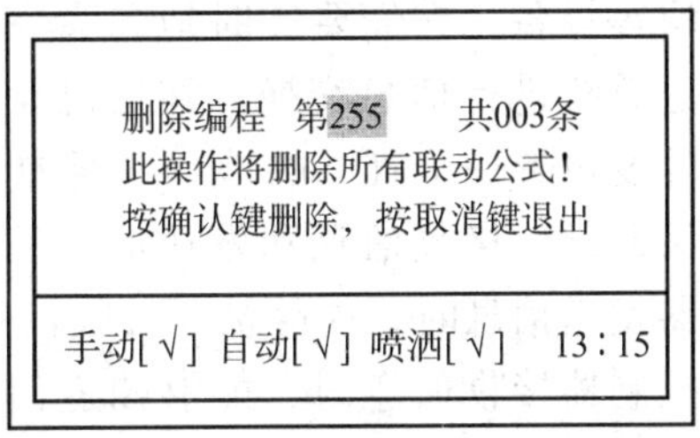

在系统设置操作界面中键入"6"，进入调试状态操作界面。调试状态提供了"设备直接注册""数字命令操作""总线设备调试""更改设备特性"和"恢复出厂设置"5 种操作。

在图 4.49 所示的"调试状态操作"界面中键入"1"，便进入图 4.50 所示的"设备直接注册"界面。

图 4.48　确认删除界面

```
* 调试状态操作 *
1 设备直接注册
2 数字命令操作
3 总线设备调试
4 更改设备特性
5 恢复出厂设置

手动[√] 自动[√] 喷洒[√]
```

图 4.49　调试状态操作界面

```
* 设备直接注册 *
1 外部设备注册
2 通信设备注册
3 控制操作盘注册
4 从机注册

手动[√] 自动[√] 喷洒[√]
```

图 4.50　设备直接注册界面

在设备连接状态下，总线模块进入模块注册，注册完成后，显示在线的模块信息如图 4.51 所示，表示总线在线元件设置为一个且一次编码为 001。

```
---总线设备注册---
编码001　数量001
总数　　重码

手动[√] 自动[√] 喷洒[√]
```

图 4.51　总线设备注册界面

设备注册完成后，总线元件就可以根据编制联动关系动作，当有探测元件探测出火灾发生并动作时，相应的联动逻辑表达式成立，启动相应的设备进行防火灭火，报警控制室收到火灾发生的火警信息，并显示在火灾报警控制器上。

项目知识 3　电子编码器的使用

火灾报警与联动系统总线上挂接了许多总线元件，包括探测器、报警按钮、各种模块等设备，它们要实时地和火灾报警控制器通过总线进行信息交换。在信息交换时，总线元件要设置一个唯一的地址（地址编码）来标识该元件、接收信息和发送信息的位置。即控制器发送信息时，能够被要接收信息的元件接收；控制器接收信息时，能够知道信息来自哪个总线元件，以便进行处理和逻辑运算，执行联动逻辑程序。为此使用编码器给每个总线元件设置一个唯一的地址码，称为一次码。一次码和火灾报警控制器编写的二次码要一一对应，如图 4.52 所示。

图 4.52　电子编码器

一、电子编码器的使用

消防子系统的单输入/单输出模块、探测器、报警按钮等总线设备均需要编码，用到的编码工具为电子编码器。

按下"读码"键，液晶屏上将显示探测器或模块的已有地址编码，按"增大"键，将依次显示脉宽、年号、批次号、灵敏度、探测器的类型号（对于不同的探测器和模块，其显示内容有所不同）；按"清除"键后，回到待机状态。

如果读码失败，屏幕上显示"E"，表示读码失败，按"清除"键后"E"消失，可继续进行别的操作。在待机状态，输入探测器或模块的地址编码，按下"编码"键，应显示符号"P"，表明编码完成，按"清除"键，则回到待机状态。

二、电子编码器编码设置

（1）将电子编码器连接线的一端插在编码器的总线插口内，另一端的两个夹子分别夹在光电感烟探测器的两根总线端子"Z1""Z2"（不分极性）上。

（2）将电子编码器的开关打到"ON"的位置，然后按下编码器上的"清除"键，让编码器回到待机状态，然后用编码器上的数字键输入"1"，再按下"编码"键，此时编码器若显示符号"P"，则表明编码完成。

（3）按下编码器上的"清除"键，让编码器回到待机状态，然后按下编码器的"读码"键，此时液晶屏上将显示探测器的已有地址编码。

通过电子编码，探测器及模块就会定义一个唯一的地址编码，此地址编码称为原码。在报警控制调试中，进行设备定义时定义的二次码应与原码保持一一对应的关系。编码后应进行记录，这样在设备元件维修或更换时，按照记录编写同样的地址编码，报警器才可以识别。

项目知识4 消防广播系统调试

消防应急广播设备是火灾逃生疏散和灭火指挥的重要设备，在整个消防控制管理系统中起重要作用。在火灾发生时，应急广播信号通过音源设备发出，经过功率放大后，由编码输出控制模块切换至广播指定区域的音箱实现应急广播。主要由火灾报警控制器、广播分配盘、广播功率放大器、输出模块、音箱等设备构成。

报警控制器通过485通信线连接广播分配盘，广播分配盘可以通过系统设置，将防火分区内的消防广播模块二次码编为一组，发生火灾时可以进行统一管理。消防广播分配盘同时也是正常广播和消防广播的音源设备，与功率放大器配合使用，如图4.53所示。

一、广播分配盘

广播分配盘的功能是将位于部分分区的扬声器按照消防设计规范有组织地划分在同一组别，以便发生火灾时对相应区域进行消防广播。火灾发生时，一般对本层和本层上一层、下一层进行消防广播，为了实现这一功能广播，使用广播分配盘，对不同广播模块进行分区，便于管理。

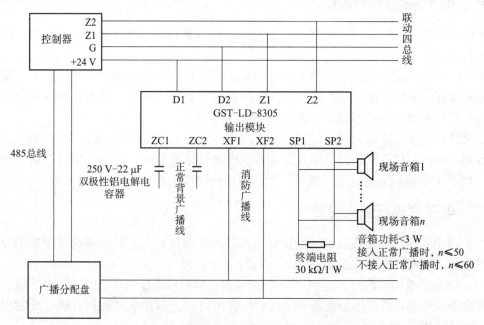

图 4.53 消防应急广播设备系统应用图

1. 接线

消防应急广播设备对外接线端子如图 4.54 所示。

L，G，N：AC 220 V 接线端子及交流接地端子。

定压输出 1：广播系统的音频输出线，也就是干线 1。

定压输出 2：广播系统的音频输出线，也就是干线 2。

GST-XG9000A 消防应急广播设备正确连接线后，可以给设备上电。上电后液晶显示处于空闲界面，如图 4.55 所示。

| 消防广播系统 |
| 模式：自动 |
| 2015 年 12 月 28 日 |
| 8：00 |

图 4.54 GST-XG9000A 消防应急广播设备对外接线端子

图 4.55 空闲界面

2. 界面操作

1）进入设置菜单

要进入设置菜单必须先解锁，按"解锁/录音"键，转到密码输入界面，如图 4.56 所示。通过数字键 0~9 输入正确密码后（出厂密码为 111111），按"确认"键进入解锁状态，如图 4.57 所示。此时按"设置"键可进入设置菜单，如图 4.58 所示。空闲状态下 3 min 无操作将返回锁定状态。长按"解锁/录音" 3 s 也可返回锁定状态。

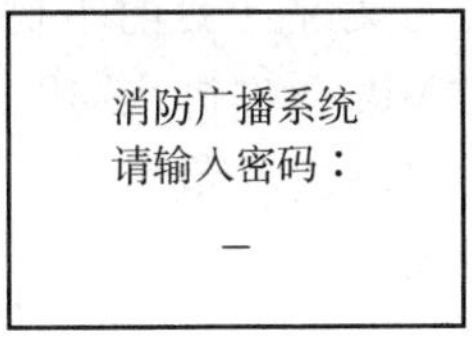

```
消防广播系统
请输入密码：
     —
```

图 4.56　密码输入界面

```
🔓消防广播系统
模式：自动
2016年2月23日
20：35
```

图 4.57　解锁状态

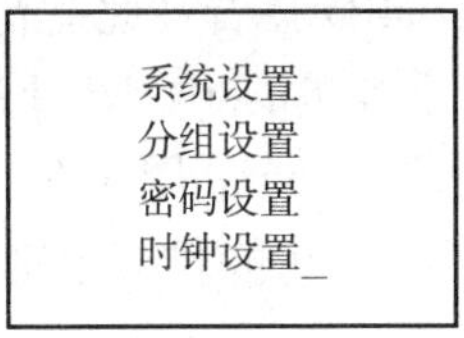

```
系统设置
分组设置
密码设置
时钟设置_
```

图 4.58　系统设置菜单

2）时钟设置

在设置菜单中选中时钟设置，按"菜单"进入时钟设置菜单（见图 4.59）。操作数字键 0～9 输入正确的时间、日期后，按"确认"键保存设置。

3）分组设置

所谓分组，就是将多个分区的二次码编为一组，通过一个按键操作即可同时启动多个广播分区（每组最多可以设置 10 个分区）。

在设置菜单中选中"分组设置"，按"菜单"进入分组设置菜单（见图 4.60）。选中要设置的分组后按"菜单"键或"确认"键进入添加分组界面（见图 4.61），操作数字键输入要添加的分区后，长按"确认"键 3 s，以保存设置。

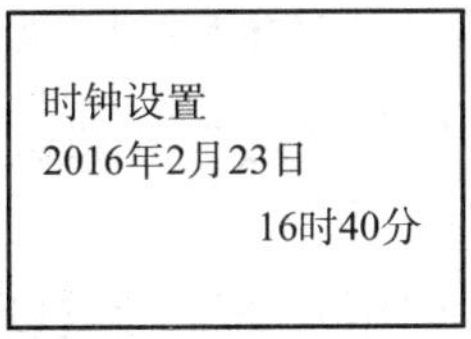

```
时钟设置
2016年2月23日
          16时40分
```

图 4.59　时钟设置菜单

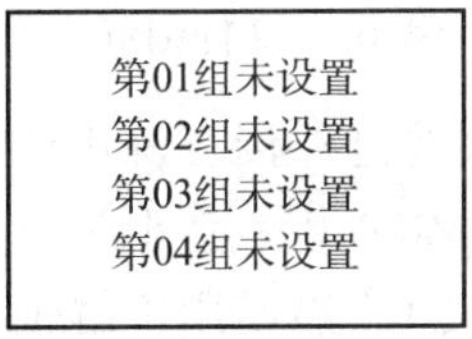

```
第01组未设置
第02组未设置
第03组未设置
第04组未设置
```

图 4.60　分组设置菜单

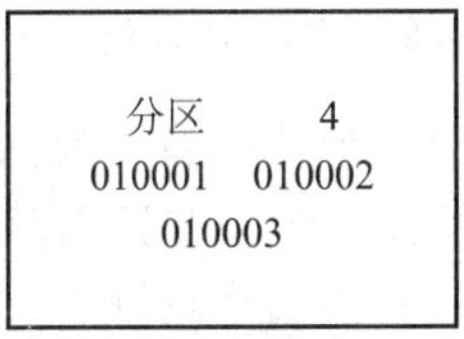

```
分区      4
010001  010002
     010003
```

图 4.61　添加分组界面

4）密码设置

在设置菜单中选中"密码设置"，按"确认"进入密码设置菜单（见图 4.62）。输入原密码（出厂密码为 111111），然后输入新密码两次以确认设置，如图 4.63 和图 4.64 所示，密码可自由设定为 1～6 位。

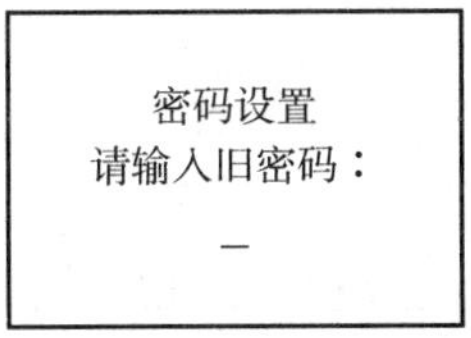

```
密码设置
请输入旧密码：
    —
```

图 4.62　密码设置菜单

```
密码设置
请输入新密码：
    —
```

图 4.63　新密码输入界面

```
密码设置
修改密码成功
```

图 4.64　修改密码成功界面

5）液晶亮度设置

在设置菜单中选中"液晶亮度设置"。按"确认"进入液晶亮度设置子菜单，如图 4.65 所示，通过"上翻""下翻"键选定液晶亮度（选择范围为 1～15）后，按"确认"键保存设置。

6）音源切换

本机有 MP3、外线、话筒、应急广播 4 种播音模式。其中外线与 MP3 属于背景广播，可自由启闭。话筒播音包含应急、背景两种模式。应急广播单纯为应急使用。

（1）MP3 播音：此播音模式播放的是外置 SD 卡中 MP3 格式的文件（目前本机只适用 2 G 及以下容量的 SD 卡，FAT 格式，最高位速为 320 Kbps），按"MP3"键进入 MP3 播音模式，进入图 4.66 和图 4.67 所示界面。作为背景音源，功率放大器输出音量可调。在 MP3 播音条件下，可操作菜单键以实现相应功能。如图 4.68 ~ 图 4.70 所示。

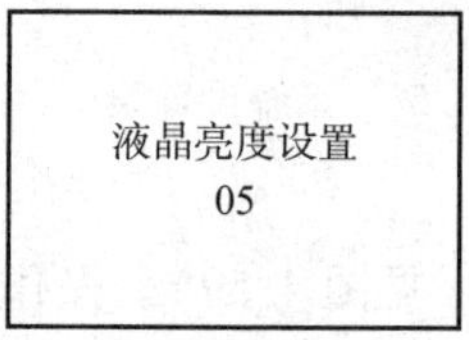

| 液晶亮度设置
05 | 🔒 MP3播音
🔈 10　↩ 01/12
‖ 天之大
分区 ［　　　］ 0 ✍ | 第1/1页：
010001　010002
010003　010004
010005　✍ |

图 4.65　液晶亮度设置子菜单　　图 4.66　MP3 播音菜单（1） 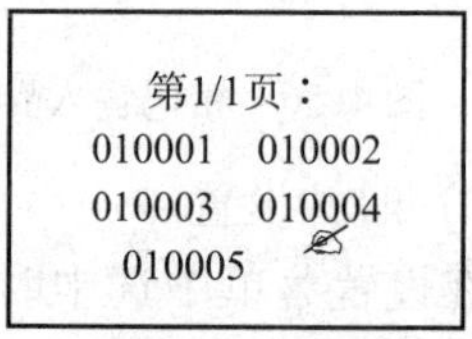　　图 4.67　MP3 播音菜单（2）

| MP3播音
文件浏览
循环方式 | 根目录\
Music
天之大 | 循环方式
单曲循环
目录循环 |

图 4.68　MP3 播音菜单（3） 　　图 4.69　文件浏览菜单 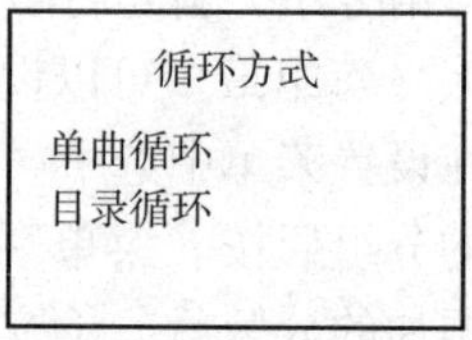　　图 4.70　循环方式选择菜单

（2）外线播音：此播音模式播放的是外接音源中的音频文件，按"外线"键进入外线播音模式，作为背景音源，功率放大器输出音量可调。

（3）应急广播播音：单纯作为应急广播使用，解锁状态下按"应用广播"键或接收到火警信号时自动进入。红色状态指示灯亮，功率放大器输出音量不可调节。

（4）话筒播音：此播音模式播放话筒音源信息，设有背景和应急两种播音模式。锁定状态下按"话筒"键进入话筒背景广播状态，指示灯亮绿色，功率放大器输出音量可调。解锁状态下进入话筒应急广播状态，指示灯亮红色，功率放大器输出音量不可调。

在外线、MP3 等播音模式下按 PTT 自动启动话筒播音，放开 PTT 后系统自动跳回原播音状态。

图 4.66 中各符号含义如下：

① 🔈：音量，可通过"音量 +""音量 –"调节。

② ‖：歌曲暂停符号，可通过"▶/‖"（播放/暂停键）切换为播放状态，歌曲播放时 ‖ 号变为 ▶。后跟的"天之大"是目前选中的歌曲名。

③ ↩：循环方式标志符，用于区别单曲循环和目录循环。此标志为单曲循环。

④"01/12"表示目前播放的文件夹中共有 12 首歌曲，目前选中的为第 1 首歌曲。按"上翻""下翻"键可以切换歌曲。

⑤ ✍：下翻提示符，表示下一页有显示不下的分区，长按"下翻"键即可查看下一页的分区信息。翻页后的界面如图 4.67 所示。

按"菜单"键进入 MP3 菜单，可浏览文件和选择循环方式。按"菜单"或"确认"键进入文件浏览菜单，可看 SD 卡中的 MP3 文件并选择要播放的目录，支持二级子目录。进入循环方式则可选择歌曲播放模式为单曲循环或目录循环。

7) 分区启闭

按"数字" + "确认"开启已经设定在相应干线中的分区（开启未设置过的分区会提示×号，重复开启已开启的分区会提示√），按"数字" + "退出"可以关闭相应分区。可以利用通配符"*"简化操作，通配符"*"代表0～9。比如01000*，代表010000、010001、010002、…、010009共10个分区号码。"******" + "确认"可以开启所有的分区。在有开启的分区时按"******" + "退出"可以关闭所有的分区。

如果已经设置了分组，那么操作"数字" + "分组"键可统一启/闭分组中的分区，对所启动分组中的分区进行叠加。例如：输入"01"，再按"分组"键，即开启第一组中的分区；此时如果继续输入"02"，再按"分组"键，即开启第一组和第二组两个组中分区。重复以上操作，即关闭相应分区。

若当前页面显示不下所有开启的分区信息，则会出现如图4.66所示的下翻提示符。操作"上翻""下翻"键可翻页查看所有分区（在MP3播音时为区别于MP3歌曲的选曲功能，长按"上翻""下翻"才能查看分区开启情况），以上操作都需要在解锁状态下进行。

8) 手动模式切换

按照之前系统操作中提到的方法解锁后，按"手动"键，进入手动操作模式，如图4.71所示。绿色指示灯亮。手动模式下接收至消防控制器的火警信号，不自动进入消防应急广播模式，只显示消防报警信息3 s，同时红色火警指示灯亮。手动模式下的其他功能都与自动模式下相同。

> 🎙消防广播系统
> 模式：手动
> 2016年2月23日
> 20：35

图4.71　手动操作模式

9) 预录音

应急广播中的语音信息需要预先录制，时长限制在5 min以内。

通过话筒可以给应急广播录音，操作方法是：在锁定状态下，先切换到话筒背景播音模式，按"解锁/录音"键并输入正确密码后解锁，此时按"解锁/录音"键预录音开始，重复按"解锁/录音"键预录音结束。

通过外线可以给应急广播录音，操作方法是：在解锁状态下，按"解锁/录音"键预录音开始，重复按"解锁/录音"键预录音结束。用话筒做应急预录音时最好先按下PTT，再按录音开始，先按录音结束，再放开PTT，这样可以去掉PTT开关的声音。如图4.72所示。

可以对应急广播导入语音文件，把要导入的MP3格式的语音文件命名为DV（文件要小于5 M），并存在外部SD卡里。进入设置菜单，选定"导入电子语音"选项，按"确认"键并等待导入完成即可，如图4.73所示。

图4.72　应急广播录音菜单

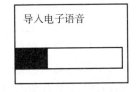

图4.73　语音文件导入界面

10) 自检

长按"消音/自检"键3 s，系统自检复位，循检内部组件。联动功率放大器，所有指示灯亮3 s，蜂鸣器鸣叫后自检结束。

11）录音查询

本系统可对应急话筒播音内容进行自动录音，录音时长最长可达60 h，可进入设置菜单中的"录音查询"选项卡进行查询。此录音满后自动循环覆盖，内容不可删除。

图4.74中"01/12"表示记录的音频文件共12条，目前选定第1条，可通过"上翻""下翻"键记录文件。

"▶"为放音标志符，可通过"播放/暂停"键切换到暂停状态。

"03分钟20秒"表示本段录音的时长为3分钟20秒。

"00分13秒"表示本段录音正播放到13秒的位置。

"15/12/28 08：50"表示录音开始的日期、时刻。

12）紧急启动应急广播

当消防控制器检测到火警信息后，本系统要自动换为应急广播播音模式（手动模式下除外），联动功率放大器对火警分区进行广播。警报消除后播音自动停止，如图4.75所示。

13）故障检测报警

本系统与消防控制器及消防广播模块配合可以对广播线路及功放故障进行检测，主要包括功放过载检测、广播总线的短路检测、广播干线及支线的短路检测。当如上故障发生时，空闲界面将转换为故障告警界面。故障指示灯亮，并指示相应故障点。当多种故障并存时，本系统在空闲界面滚动显示，如图4.76所示。

录音：01/12 ▶	● 应急广播	
长度：03分钟20秒	ᛮ 12	故障报警
时间：00分13秒	分区 01	功放故障： 02
15/12/28 08：50	010001 ✍	

图4.74 录音查询界面 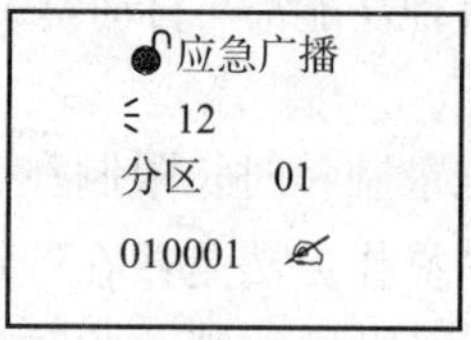　　　图4.75 "应急广播"播音界面 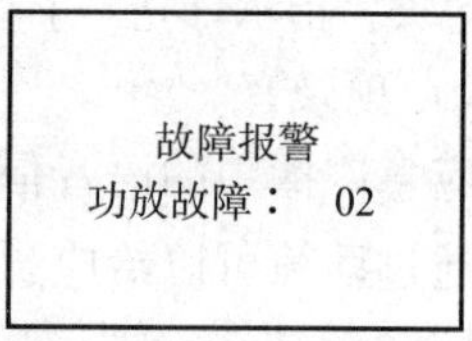　　　图4.76 "故障报警"界面

项目知识5　消防泵控制与联动

火灾自动报警系统通过总线元件可以发现火灾。火灾确认后，通过总线或多线控制，再通过控制模块，传递给灭火设备，并反馈信号给消防控制室。图4.77说明了火灾发生后信号的传递过程。

下面以火灾自动报警系统与消防泵控制电气回路为例讲述消火栓的控制与联动。如图4.77所示，发生火情后，可以通过3条途径启动消防泵。

（1）通过消火栓箱内的消火栓按钮，按下此按钮通过直接启泵线路可以启动消防泵。

（2）联动控制模块将启动信号通过总线传递到火灾报警控制器，火灾报警控制器可以通过联动编程驱动输出模块来启动消防泵。

（3）通过多线控制盘启动消防泵，同时火灾报警控制器可以显示确认火灾发生的位置。火灾发生的位置是由总线传递消火栓内的消火栓按钮的地址码至各报警控制器后确认的。

由上述过程启动消防泵后，消火栓箱内的消防泵运行指示灯被点亮，消防泵的运行状态指示反馈给消防控制室内的报警控制器，显示火灾发生后信号的传递过程和运行状态。

消防栓系统的控制方式：

（1）联动控制方式，由消防栓系统出水干管上设置的低压压力开关、高位消防水箱出水管上设置的流量开关或报警阀压力开关等信号作为触发信号，直接控制启动消火栓泵。联动控制不应受消防联动控制器处于自动或手动状态影响。当设置消火栓按钮时，消火栓按钮的动作信号应作为报警信号及启动消火栓泵的联动触发信号，由消防联动控制器联动控制消火栓泵的启动。

第一种控制方式为：根据低压力开关、高位水箱流量开关及报警压力阀压力开关处的输入模块信号的地址编码，通过或逻辑编程联动输出模块，启动消防泵。

第二种控制方式为：根据消火栓按钮地址编码联动输出模块，启动消防泵。

（2）手动控制方式，应将消火栓泵控制箱（柜）的启动、停止按钮用专用线路直接连接至设置在消防控制室内的消防联动控制器的手动控制盘，并应直接手动控制消火栓泵的启动、停止。

（3）消防泵停止控制：确认灭火后，停泵由控制台发出手动停止信号，或消防水池低液位信号作为停泵信号，将消防泵运行状态反馈给消防控制台。

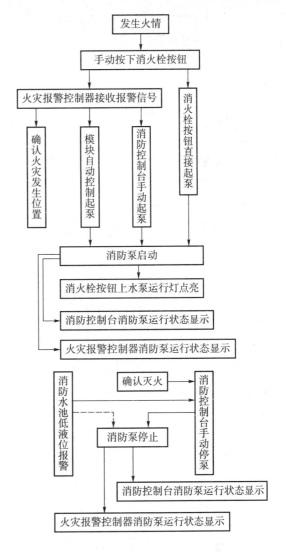

图 4.77　火灾信号传递流程

图 4.78 显示了火灾自动报警系统与消火栓箱及消防泵控制箱的布置。各楼层安装消火栓箱，内置消防输入模块，通过总线连接至底层的火灾报警控制器，消防控制箱电气控制电路由主电路、信号回路、1 号消防泵和 2 号消防泵控制电路组成。

一、主电路

AT 双电源切换装置可以将外部的双回路电源进行切换，以保证消防泵供电的可靠性，系统由主泵和备用泵通过切换开关可以互为备用，采用星 – 三角启动方式，如图 4.79 所示。星形启动时，接触器 QC1 和 QC3 或 QC4 和 QC6 吸合；延时后，启动 QC1 和 QC2 或 QC4 和 QC5 进行三角形运行。主电路安装有 BTH1 和 BTH2 热继电器过载保护。从 L1、N 线引出控制电路的电源线 X1 – 3、X1 – 4，并连接到 X1 端子排的 3、4 点。

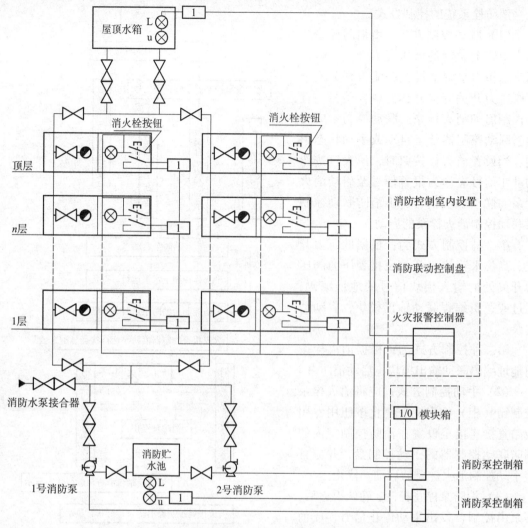

图 4.78　火灾自动报警系统与消火栓箱及消防泵控制箱的布置

二、信号回路

在图 4.80 所示的信号回路中，S1…Sm、Sm＋1…Sn 为各楼层消火栓箱内的消火栓按钮，可以看出这些按钮串联且处于闭合状态，使 K1－1、K1－2 继电器线圈得电吸合，这种状态为正常非消防状态。在这种状态下，其常闭触点 K1－1、K1－2 处于打开状态，不能触发送电至延时时间继电器 KT5。KT5 延时闭合触点不能使图中的 KA5 触点的 1、3 点闭合。转换开关在自动状态下，KA5 的常开触点不能使 1 号消防泵控制的 13、14 点闭合，同时也不能使 2 号消防泵控制的 23、24 点闭合得电。在这种状况下，消火栓按钮闭合，消防泵不启动。当有火灾发生时，S1…Sm、Sm＋1…Sn 为各楼层消火栓箱内的消火栓按钮的任何一个按钮释放开，使 K1－1、K1－2 继电器线圈失电，其常闭触点 K1－1、K1－2 处于闭合状态，时间继电器 KT5 触点使图中的 KA5 触点 1、3 闭合。转换开关在自动状态下，KA5 的常开触点能使 1 号消防泵控制的 13、14 点闭合，同时也使 2 号消防泵控制的 23、24 点闭合得电，消防泵启动。

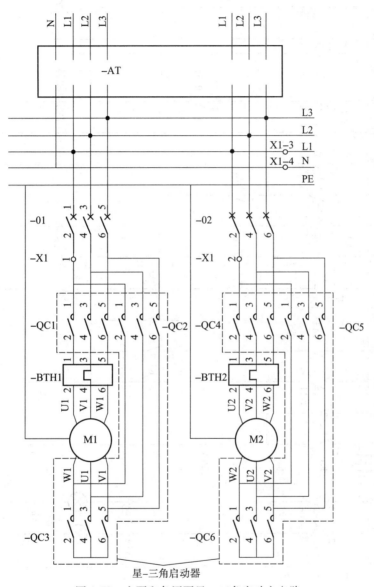

图 4.79　主泵和备用泵星 – 三角启动主电路

安防系统工程

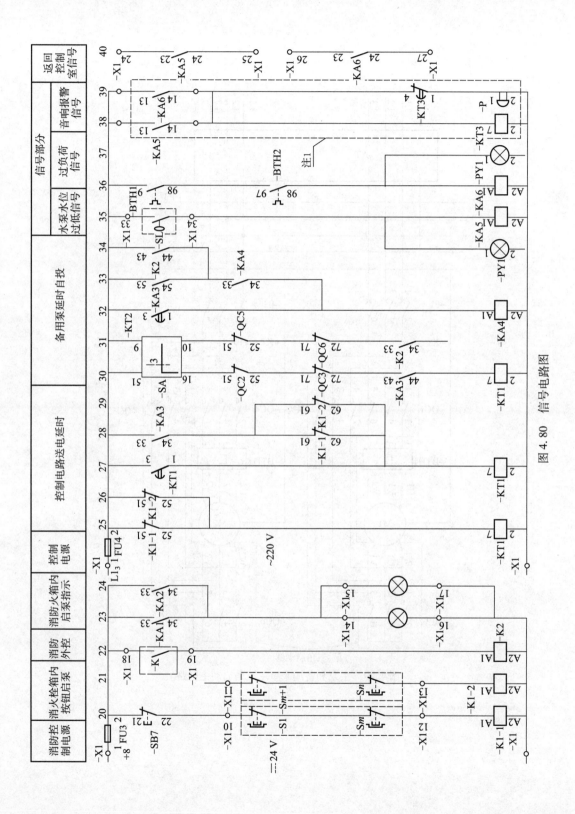

图4.80 信号电路图

170

在图 4.81 和图 4.82 所示信号回路中，消防外控点 18、19 来自于消防模块的输出信号，也可以启动消防泵，X1 端子排的 18、19 从消防模块引入。此启动信号由报警控制器联动编程得到，编程方法前面已讲述。

在手动和自动不能使消防泵启动的情况下，可以按下消防应急按钮启动消防泵，同样可以使消防泵从星形启动转换到三角形运行，手动转换开关处在手动位置。星 – 三角运行电路可以自行分析，在此不再详述。

故障状态下的互为备用运行。开始运行时通过转换开关可以以任何一台消防泵为主泵，假如 1 号消防泵为主泵，启动 1 号主泵，如不能正常工作，控制图中的备用泵则会延时自动投入电路工作。由于启动 1 号消防泵为主泵，但故障状态下没能启动，则 KT6 延时继电器延时启动，使 KA6 线圈的 2 号消防泵的备用自投电路工作，启动 2 号消防泵的星 – 三角运行电路，2 号消防泵投入运行。

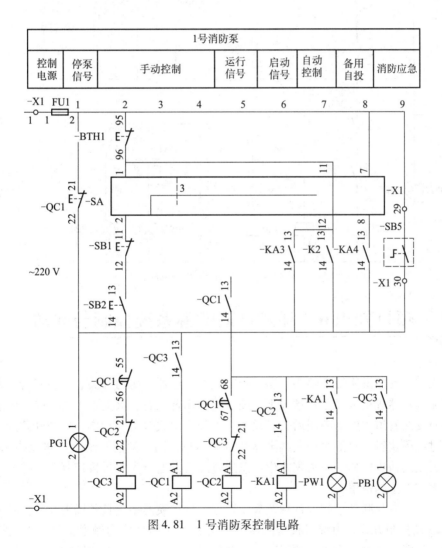

图 4.81　1 号消防泵控制电路

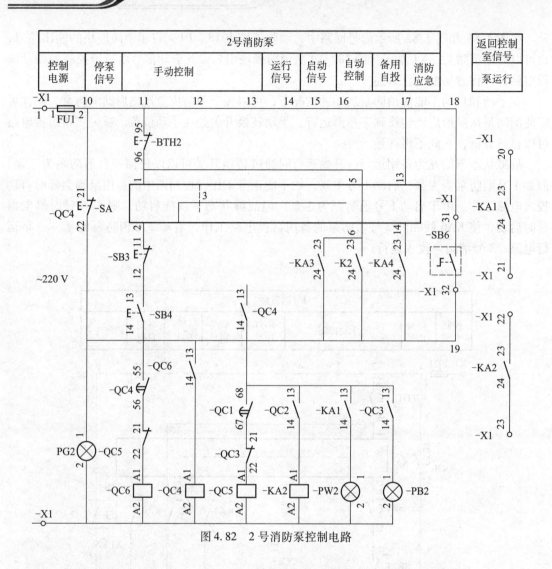

图 4.82　2 号消防泵控制电路

项目知识 6　湿式自动喷淋系统控制与联动

　　湿式火灾自动喷淋系统由喷头、湿式报警阀、延迟器、压力开关、水力警铃、末端试水装置、水流指示器等组成。正常情况下，喷头处于闭合状态。火灾发生时，喷头内感温元件破裂，消防支线管道中的水喷出后，管道压力下降，湿式报警阀动作，压力开关处安装输入模块。通过此模块触发喷淋泵控制继电器开启喷淋泵，同时消防管道上的水流指示器动作，通过与之关联的输入模块，将火灾发生信息通过总线发送给火灾报警控制器，并通过其地址编码显示火灾发生的位置。

　　根据火灾报警与联动控制设计规范规定，湿式自动喷淋系统具备以下几种控制方式。

　　（1）联动控制方式，由湿式报警阀压力开关的动作信号作为触发信号，直接控制启动喷淋消防泵，联动控制不应受消防联动控制器处于自动或手动状态的影响。

　　（2）手动控制方式，应将喷淋消防泵控制箱（柜）的启动、停止按钮用专用线路直接连接至设置在消防控制室内的消防联动控制器的手动控制盘，直接手动控制喷淋消防泵的启动、停止。

（3）水流指示器、信号阀、压力开关、喷淋消防泵的启动和停止的动作信号应反馈至消防联动控制器。

一、主电路

自动喷洒用消防泵一般设计两台泵，一用一备，互为备用。当工作泵故障时，备用泵自动延时投入运行。图4.83所示为带软启动器的自动喷洒用消防主泵电路图及自动喷洒用消防泵控制电路图。在控制电路中设有水泵工作状态选择开关SAC，可使两台泵分别处于1号消防泵用2号消防泵备、2号消防泵用1号消防泵备或两台泵均为手动的工作状态。

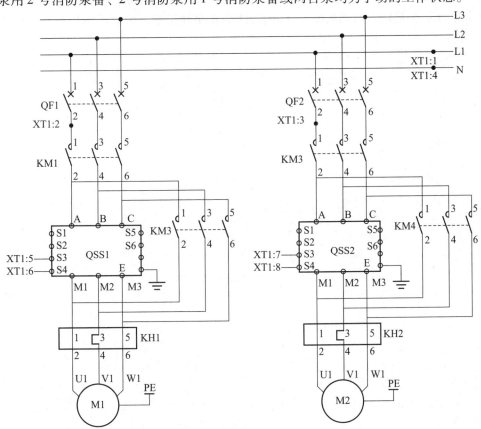

图4.83 带软启动器的自动喷洒用消防泵电路

二、信号与控制回路

当发生火灾时，喷洒系统的喷洒头自动喷水。设在主立管或水平干管的水流继电器SP接通，时间继电器KT3的线圈通电，其延时常开触点经延时后闭合，中间继电器KA4通电吸合，同时时间继电器KT4通电。此时，如果选择开关SAC置于1号消防泵用2号消防泵备的位置，则1号消防泵的接触器KM1通电吸合，经软启动器，1号消防泵启动。当1号消防泵启动后达到稳定状态时，软启动器上的S3、S4触点闭合，旁路接触器KM2通电，1号消防泵正常运行，向系统供水。如果此时1号消防泵发生故障，接触器KM2跳闸，使2号消防泵控制回路中的时间继电器 KT2 通电，经延时吸合，使接触器 KM3 通电吸合，2 号消防泵作为备用泵启动并向自动喷洒系统供水。根据消防规范的规定，火灾时喷洒泵启动后运转时间为 1 h，即 1 h 后自动停泵。因此，时间继电器 KT4 的延时时间整定为 1 h。当 KT4 通电 1 h 后吸合，其延时常闭触点打开，中间继电器 KA4 断电释放，使正在运行的喷洒泵控制回路断电，水泵自动停止运行，如图 4.84 所示。

消防用水泵过负荷热继电器只报警而无跳闸动作。当 1 号消防泵、2 号消防泵均发生过负荷时，热继电器 KH1、KH2 闭合，中间继电器 KA3 通电，发出声、光报警信号。同理，当水源水池无水时，安装在水源水池内的液位计 SL 接通，使中间继电器 KA3 通电吸合，其常开触点闭合，发出声、光报警信号。可通过复位按钮 SBR 关闭警铃，如图 4.85 所示。

在两台泵的自动控制回路中，常开触点 K 的引出线接在消防控制模块上，由消防控制室集中控制水泵的启停。启动按钮 SF 的引出线为水泵硬接线，引至消防控制室，作为消防应急控制。

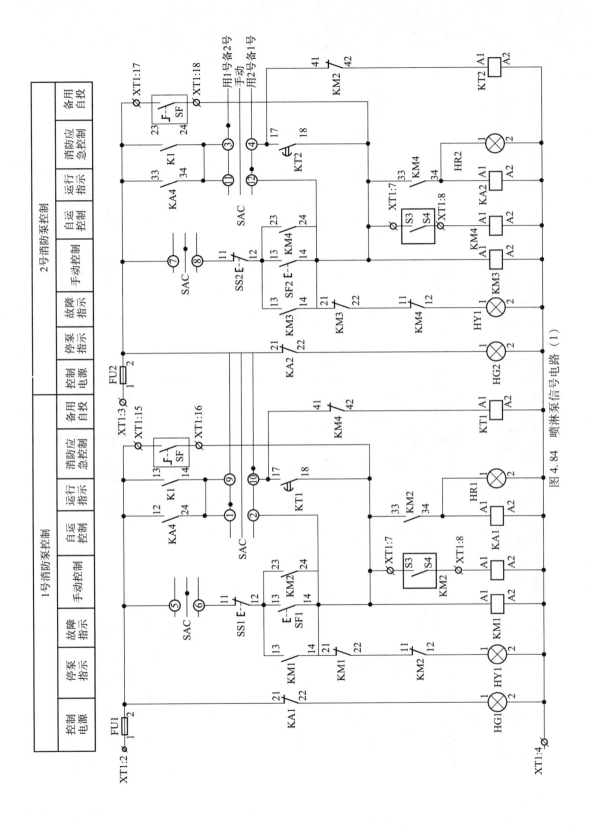

图 4.84 喷淋泵信号电路（1）

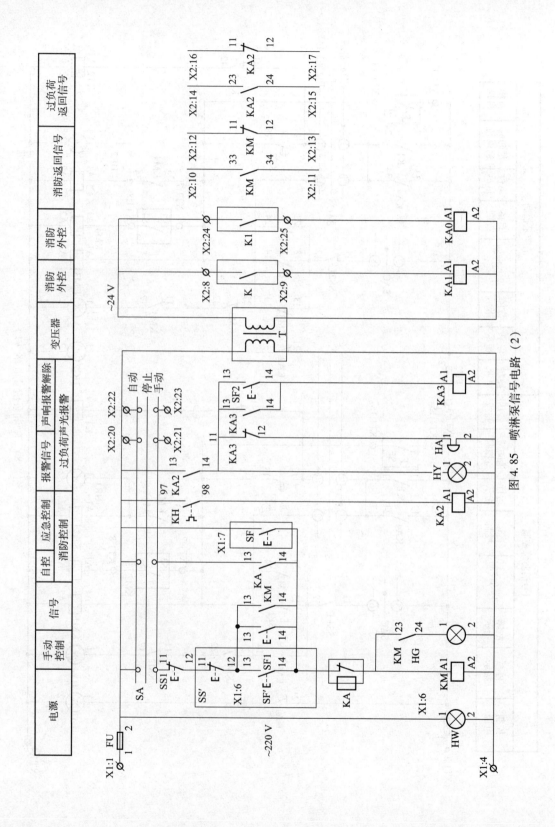

图 4.85 喷淋泵信号电路（2）

项目知识 7　防烟排烟系统的控制与联动

防烟排烟系统通过总线元件可以发现火灾。火灾确认后，通过总线控制模块，传递给灭火设备，并反馈信号给消防控制室。

排烟阀一般设在排烟口处，平时处于关闭状态。当火警发生后，它可以与感烟信号联动，控制主机发送信号或手动使之瞬间开启进行排烟。任何一处排烟阀开启时，会立即连锁启动排烟风机。

在排烟风机前的排烟入口处，装有排烟防火阀。当排烟风机启动时，此阀同时打开，进行排烟。当排烟温度高达 280 ℃时，装设在阀口的温度熔断器动作，再将阀自动关闭，同时也联锁关闭风机。对于正压送风系统而言，由于通常在各层楼梯间前室的正压送风口为敞开式的，所以发生火灾需要加压风机送风时，只要打开正压送风机即可。如果正压送风机也设计成由电动阀开启的（通常在电梯间前室），那么阀平时也处在关闭状态，着火时，应该根据着火层及上下相邻一层来控制。在有通风空调的场所，通风空调设备（包括管道上的防火阀）对火灾的影响较大。所以在开启火灾相关层排烟、正压风阀的同时，也应同时停止空调系统的相关层空调风格及新风机组，这样可以防止火灾蔓延。

当如图 4.86 所示发生火情时，可以通过两条途径启动排烟风机。

（1）人员发现火灾，手动打开排烟阀，联动排烟风机。

（2）现场探测器触发信号联动排烟阀，启动排烟风机。

防烟系统的联动控制方式应符合下列规定。

（1）应由加压送风口所在防火分区内的两只独立的火灾探测器或一只火灾探测器与一只手动火灾报警按钮的报警信号，作为送风口的开启和加压送风机启动的联动触发信号，并应由消防联动控制器联动控制相关层前室等需要加压送风场所的加压送风口开启和加压送风机启动。

（2）应由同一防烟分区内，且位于电动挡烟垂壁附近的两只独立的感烟火灾探测器的报警信号，作为电动挡烟垂壁降落的联动触发信号，并应由消防联动控制器联动控制电动挡烟垂壁的降落。

排烟系统的联动控制方式应符合下列规定。

（1）应由同一防烟分区内的两只独立的火灾探测器的报警信号，作为排烟口、排烟窗或排烟阀开启的联动触发信号，并应由消防联动控制器联动控制排烟口、排烟窗或排烟阀的开启，同时停止该防烟分区的空气调节系统。

（2）应由排烟口、排烟窗或排烟阀开启的动作信号，作为排烟风机启动的联动触发信号，并应由消防联动控制器联动控制排烟风机的启动。

防烟系统、排烟系统的手动控制方式，应能在消防控制室内的消防联动控制器上手动控制送风口、电动挡烟垂壁、排烟口、排烟窗、排烟阀的开启或关闭及防烟风机、排烟风机等设备的启动或停止，防烟风机、排烟风机的启动、停止按钮应采用专用线路直接连接至设置在消防控制室内的消防联动控制器的手动控制盘上，并应直接手动控制防烟风机、排烟风机的启动、停止。送风口、排烟口、排烟窗或排烟阀开启和关闭的动作信号与防烟风机、排烟风机启动和停止及电动防火阀关闭的动作信号，均应反馈至消防联动控制器。排烟风机入口处的总管上设置的280℃排烟防火阀在关闭后应直接联动控制风机停止，排烟防火阀及风机的动作信号应反馈至消防联动控制器。

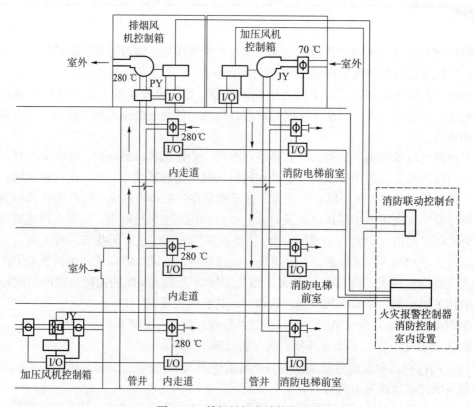

图4.86 排烟风机启动控制电路

一、控制与信号回路

（1）当转换开关处于手动位置时，手动按钮可以控制风机的启动和停止。

（2）当转换开关处于自动位置时，消防外控 K 信号来自火灾自动报警控制模块的闭合信号，通过此信号，KA1 中间继电器得电，其常开触点13、14闭合，启动主接触器 KM，接通主电路。排烟风机启动。

（3）KA2 为过负荷信号继电器，产生风机的过负荷信号。

（4）通过 KM、KA2 的常开、常闭触点将排烟风机或加压风机的运行信号反馈到报警控制室。

二、主电路

三相电源通过空气断路器 QF、接触器 KM 主触点、热继电器与风机进线端连接，主触点 KM 闭合，风机启动。过载时热继电器动作，通过控制电路使 KM 接触器失电，风机停止运行，主电路如图4.87 所示，控制电路如图4.88 所示。

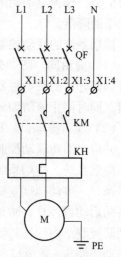

图4.87 排烟风机主电路

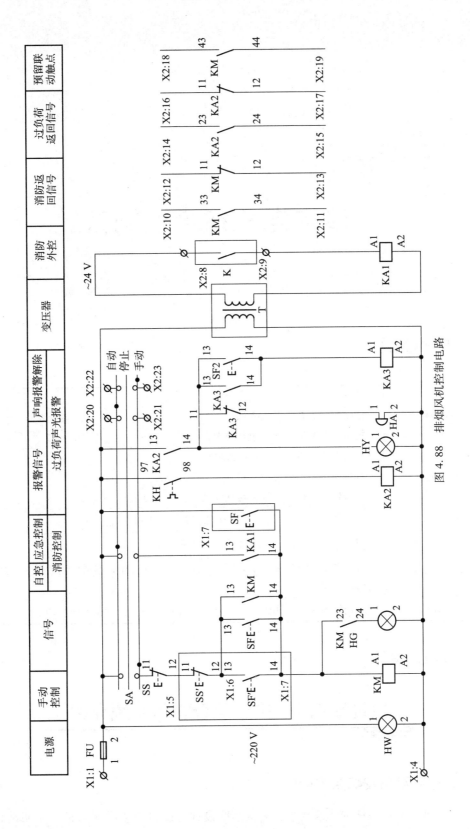

图 4.88 排烟风机控制电路

179

项目五

楼宇电气综合控制系统

【教学导航】

主要学习任务	楼宇综合安防系统介绍； 楼宇自控硬件设备与软件； 楼宇公共及应急照明组态与编程	参考学时	8
学习目标	了解楼宇综合安防系统的构成； 具备楼宇自控硬件设备与软件使用的能力； 具备楼宇自控硬件设备与软件设计、调试的能力		
学习资源	多媒体网络平台、教材、PPT和视频等；工程实验室		
教学方法、手段	引导法、讨论法、演示教学、项目驱动教学法		
教学过程设计	楼宇电气综合控制应用案例→分析工程案例→针对控制系统工程中主要环节进行演示、实操		
考核评价	理论知识考核（40%），实操能力考核（50%），自我评价（10%）		

【项目知识】

项目知识1　楼宇综合安防系统介绍

一、楼宇综合安防系统简介

在具有楼宇自控系统的建筑物中，公共照明设计可以将应急照明与正常照明结合起来，根据火灾报警系统设计规范，消防控制室在确认火灾后，应能接通火灾应急照明，在消防控制中应优先启动。

当无火灾发生时，公共走道的照明由楼宇自控系统的 DDC 控制箱控制。当火灾发生时，通过消防联动控制模块强切至消防供电回路，点亮公共照明回路，组态控制界面如图 5.1 所示。

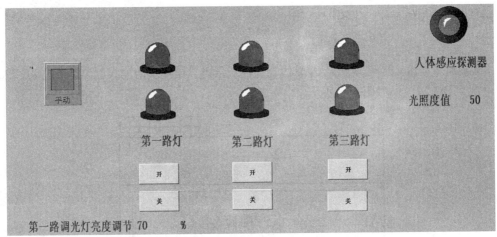

图 5.1　公共照明组态控制界面

利用分布式智能控制系统和综合火灾自动报警系统总线控制，可以实现楼宇自控和消防控制有效的结合，分布式智能控制系统有效利用了以太网、CAN 现场总线、RF 无线通信等技术，安装方便、节省电缆、降低造价。使用时可靠、灵活、方便。分散控制、自动控制与集中管理相结合，能够提高管理。

二、系统主要架构

分布式智能控制系统由 CPU 控制模块、开关驱动模块、信号检测模块、系统编程软件和计算机监控软件等部件组成，如图 5.2 所示。

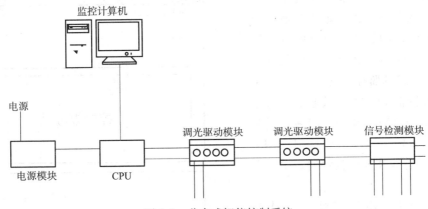

图 5.2　分布式智能控制系统

正常照明情况下，利用系统现场 CPU（DDC 控制器）通过驱动模块驱动建筑物内各个公共通道的照明电气回路，监控计算机（上位机）负责系统管理。信号检测模块可以接收消防模块的反馈信号，火灾自动报警系统通过输出模块强切至应急照明回路。

项目知识 2 楼宇自控硬件设备与软件

一、楼宇自控硬件设备

1. 电源模块 PS540

电源模块主要给 CPU 模块和 CAN 总线功能模块供电，该模块的输入电源是市电 AC 220 V，输出电源为 DC 24 V，如图 5.3 所示。

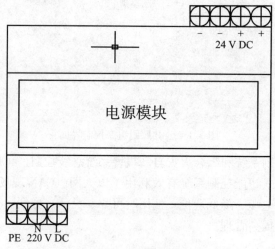

图 5.3 电源模块 PS540

2. CPU 模块 LC313/315 - 1

CPU 控制模块是控制系统的主要组件，如图 5.4 所示，通过该控制模块一方面可以实现各类设备的定时控制、场景控制、事件控制和各类灵活的可编程控制，另一方面通过该控制模块也可实现计算机对系统的监控与管理。

（1）控制器 DC 24 V 供电电源从电源模块引入，CAN1 - H、CAN1 - L 引至 I/O 模块的 CAN1 - H、CAN1 - L，CPU 引出的 CAN 总线和 I/O 模块通过手拉手的方式连接。

（2） GND、RXD、TXD 分别为 RS232 的通信端口，GND 为地线，RXD 为信号接收端，TXD 为信号发送端。

（3）485 - A、485 - B、485 - S 分

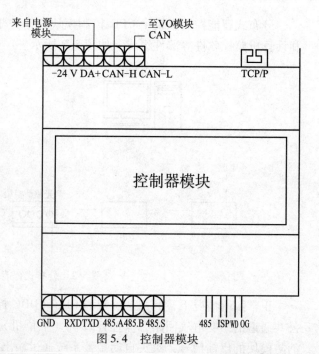

图 5.4 控制器模块

别为 RS485 的通信端口。

（4）ISP 为 CPU 系统程序刷新的跳帧，跳帧插在 ISP 就能通过 232 端口，通过专门的刷新程序软件进行程序刷新。

3. 模拟调光驱动模块 LA304 - 8

LA304 模拟调光驱动器用于控制外部固态调压模块如图 5.5 所示，具体端子功能如图 5.6 所示。比如单相/三相外部固态调压模块，通过 CAN - bus 和 CAN - open 协议控制模拟调光驱动器模拟量输出的大小，从而调节单相/三相外部固态调压模块，达到控制调光的目的。此模块也可以直接通过操作面板上的按键调节模拟量输出的大小，需软件支持。

图 5.5　模拟调光驱动模块实物

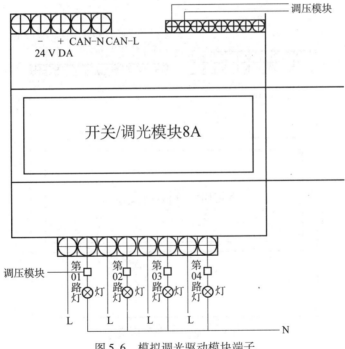

图 5.6　模拟调光驱动模块端子

输入信号类型：CAN - bus 和 CAN - open 协议数据、按键。

总线波特率：50 Kbps。

输出信号类型：模拟输出 + 继电器输出。

输出回路数量：4 路独立模拟量输出 + 4 路独立继电器输出。

输出范围：模拟量独立输出每路为 0 ~ 10 V，数字量独立继电器输出每路为 8 A。

4. 信号检测模块 XI308 – 1

信号检测模块用于将外部照度检测与移动侦测等传感器信号接入，从而达到根据外部事件进行照明控制和调节的目的。

XI308 – 1 为建筑照明控制系统中的综合检测模块，作为控制系统的组成单元，其实物及接线端子功能如图 5.7 和图 5.8 所示。其具有检测 0 ~ 10 V 电压信号和无源开关量信号，并将其转化为数字信号通过 CAN 总线传送给 CPU 及其他模块的功能。可联动消防火灾报警系统，通过消防报警系统所提供的无源干接点区域信号，切换照明系统。

图 5.7　信号检测模块实物

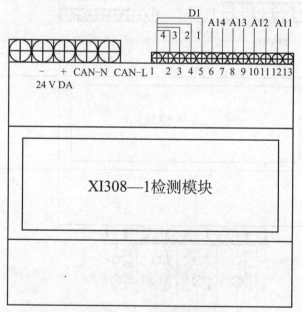

图 5.8　信号检测模块端子

输入信号类型及输入信号通道数：4 路独立差分输入，即模拟量输入，可用于连接照度、温湿度传感器等；4 路独立开关量输入，即无源开关量输入，可用于连接开关、红外感应开关等。

模拟输入信号类型：每路独立模拟量电压输入：0 ~ 10 V。

开关量信号类型：外配电压：24 V；最大频率：15 Hz。

最小脉冲宽度：20 ms；最小脉冲间隔：20 ms。

最大抖动时间：5 ms。

最大允许输入电压：36 V DC/24 V AC。

CAN 总线速率：50 Kbps。

二、楼宇自控软件（OptiSYS）

1. 软件安装

1）OptiSYS 软件安装要求

（1）操作系统：Windows 2000 或 Windows XP。

（2）基本硬件：奔腾 166 处理器以上；32 Mbyte RAM，建议 64 Mbyte；70 M 以上硬盘剩余空间；CD – ROM 驱动器；以太网卡；Microsoft Windows 支持的彩色显示器、键盘和鼠标。

2）主要安装步骤

安装软件包括 setup. exe 和一些驱动程序包。双击 setup. exe 开始安装软件，弹出如图 5.9 所示的安装欢迎界面。

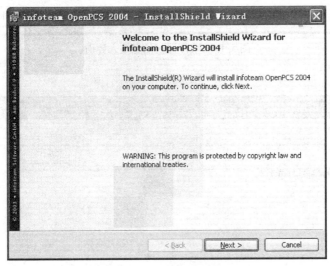

图 5.9　安装欢迎界面

安装程序向导将引导用户逐步进行安装。注意以下两个步骤，它将影响用户能否正常使用此软件。

（1）程序拷贝结束，安装程序自动提示输入软件授权信息，如图 5.10 所示，用户可从软件商提供的相关软件资料中找到相关授权信息。

（2）安装软件 OEM 驱动程序包。

如图 5.11 所示，单击"选择"，找到驱动包路径，并选择需要安装的驱动包，如图 5.12 所示。

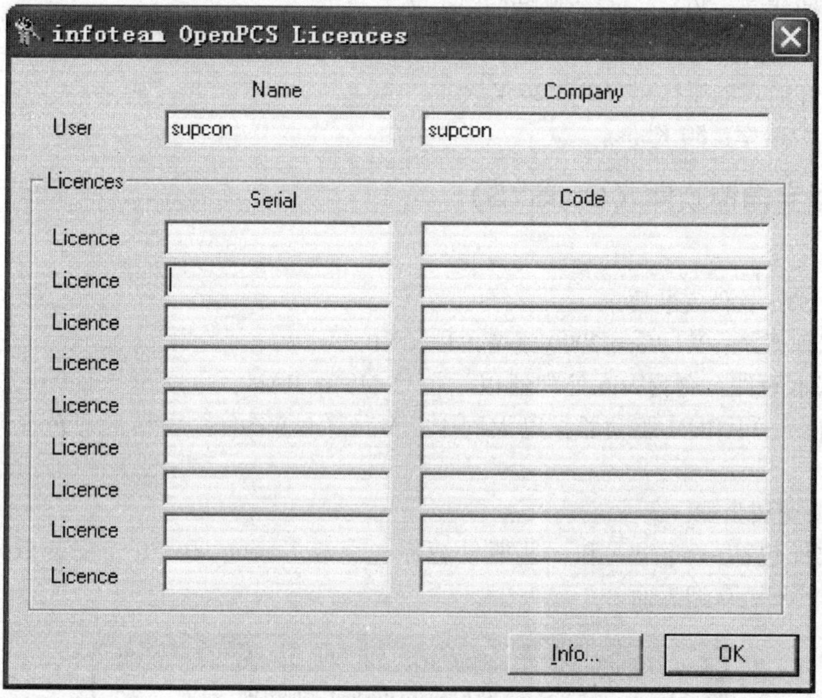

图 5.10 软件授权信息输入界面

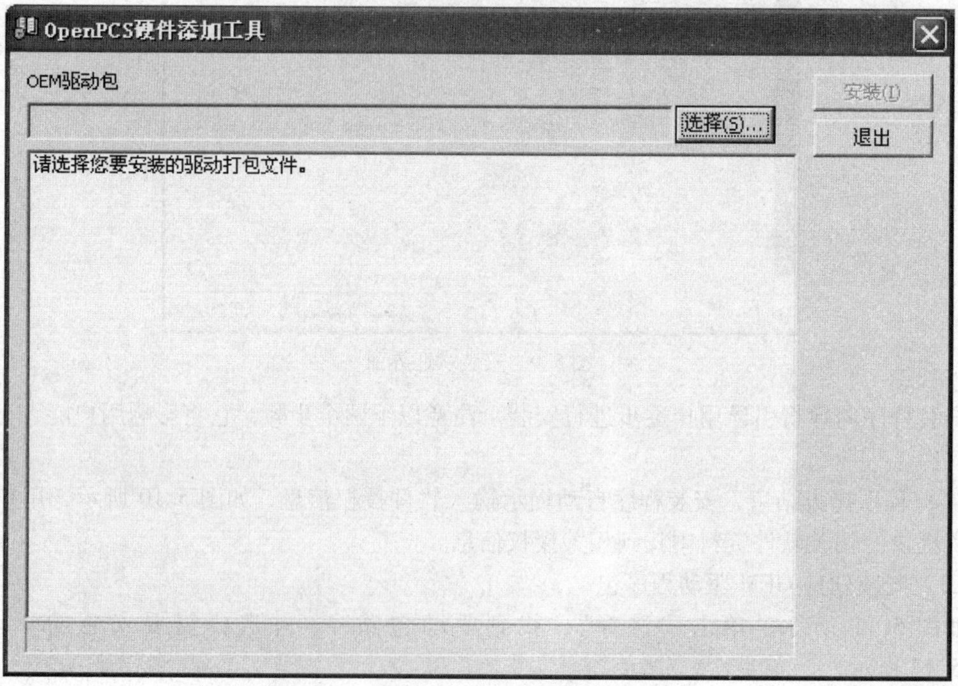

图 5.11 安装软件 OEM 驱动程序包界面

图 5.12　驱动包选择界面

打开驱动程序包，信息栏将显示驱动程序的信息，如图 5.13 所示。

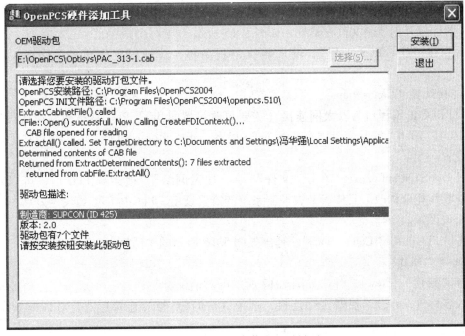

图 5.13　驱动程序信息显示界面

单击"安装",直至底部进度条走完,信息栏出现"＊＊＊添加驱动完成＊＊＊",如图5.14所示。

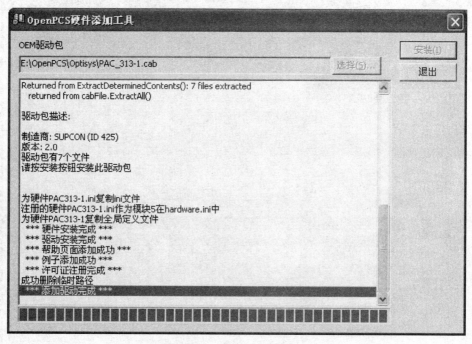

图5.14　驱动包安装界面

2. 新建工程(Project)

单击"开始"→"程序"→"infoteam OpenPCS2004"→"infoteam OpenPCS2004"或双击桌面图标"infoteam OpenPCS2004"打开编程软件。选择"文件"→"新建"或单击"新建"图标打开创建新文件对话框,如图5.15所示。

选择新建"OpenPCS工程",输入相应工程名称,选择好程序路径,建立一个新的工程。

3. 连接设置(Connections)

PC与PLC的编程口为以太网连接(需要更改设置时用)。PLC具有初始连接设置,IP地址为10.10.70.6。安装光盘内有OPSconfig程序,能搜索网上PLC,并且对PLC的内部参数进行设置。

打开OptiSYSConfig.exe,单击"文件"→"搜索网络",搜索到PLC后,可以对PLC的内部参数作相应修改。具体参数视控制系统的需要设定。PLC内部参数设定好后,再进行程序的相关设置。

单击"PLC"→"Connections",弹出如图5.16所示的对话框。

4. 选择"新建"

选择"新建"(New),弹出如图5.17所示的对话框。

输入名称(Name),根据实际连接,选择(Select)相应连接形式,对话框如图5.18所示。

图 5.15　创建新文件对话框

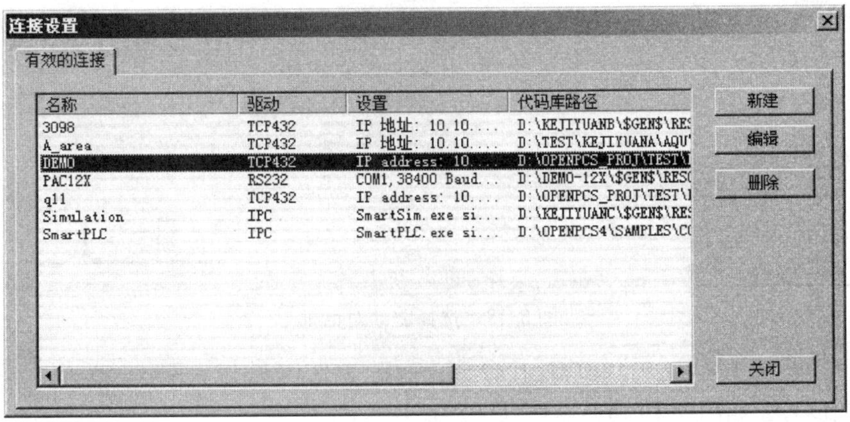

图 5.16　连接设置对话框

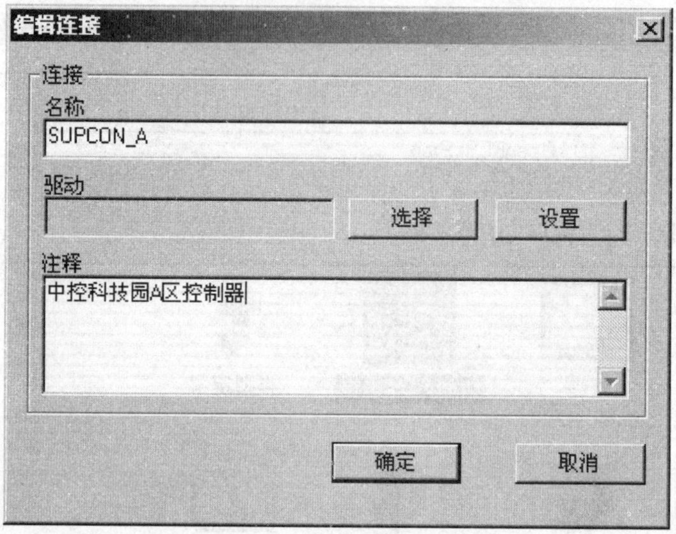

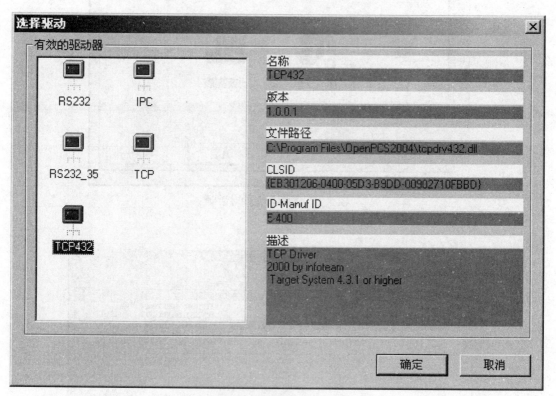

图 5.17　编辑连接对话框

图 5.18　选择驱动对话框

确定后，设置（Settings）相应连接参数，这里以 TCP432 以太网连接为例，设置好相应 IP 地址及端口号，如图 5.19 所示。

5. 编辑资源说明（Resource）

单击"PLC"→"Resource Properties"，选择"PLC 硬件"，如图 5.20 所示。

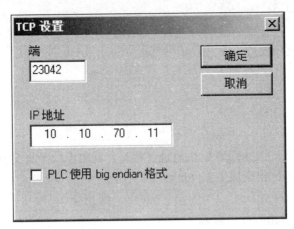

图 5.19 TCP 设置对话框

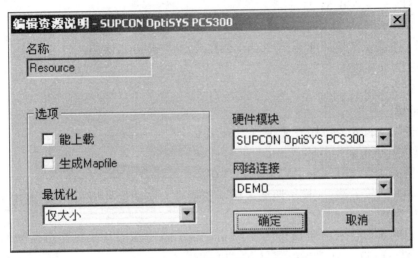

图 5.20 编辑资源说明对话框

6. 硬件 I/O 编址及 Memory 地址定义

上述设置完成后，即可对 PLC 进行编程。有关模块输入/输出及内部存储器地址定义与 OptiSys 系统变量声明规则如下。

1) 开关量

开关量一个模块支持 8 点（或者 16 点），分别用 1 个字节中的 8 个 bit（或者 1 个字的 16 个 bit）对应。

（1）开关量输入（DI）。

变量声明方法："% I" + "addr" + "." + "bit"。

说明：addr 计算方法：（addr = 模块地址 × 16），其中模块地址为 0～31。如果模块上点位为第 9～16 点，则 addr 相应加 1（addr = addr + 1）。

bit 位计算方法：如果模块上点位为第 1～8 点，则相应 bit 为 0～7；如果模块上点位为第 9～16 点，则 bit 位为相应点位数减 9。

举例：①声明一个表示模块地址为 5、第 6 个 bit 位的变量 DI_TEST1。

DI_TEST1 at %I80.5：bool；

其中：80 = 16×5。

②声明一个表示模块地址为5、第10个bit位的变量DI_TEST2。

DI_TEST2 at %I81.1：bool；

其中：81 = 16×5+1。

（2）开关量输出（DO）。

变量声明方法："%Q" + "addr" + "." + "bit"。

说明：addr计算方法：（addr = 模块地址×16），其中模块地址为0~31。如果模块上点位为第9~16点，则addr相应加1（addr = addr+1）。

bit位计算方法：如果模块上点位为第1~8点，则相应bit为0~7；如果模块上点位为第9~16点，则bit位为相应点位数减9。

举例：①声明一个表示模块地址为5、第6个bit位的变量DO_TEST1。

DO_TEST1 at %Q80.5：bool；

其中：80 = 16×5。

②声明一个表示模块地址为5、第10个bit位的变量DO_TEST2。

DO_TEST2 at %Q81.1：bool；

其中：81 = 16×5+1。

2）模拟量

模拟量模块支持8（或16）个字节。

（1）模拟量输入（AI）。

变量声明方法："%I" + "addr" + ".0"。

说明：addr计算方法：（模块地址×16 + 变量号×该变量类型长度），其中模块地址为0~31，bit位为0。

举例：声明4个表示模块地址为5的unsigned int（该变量类型长度 = 2）类型变量：AI_TEST0、AI_TEST1、AI_TEST2、AI_TEST3。

$$AI\_TEST0 \ at \ \%I80.0：usint；\quad (80 = 16×5+0×2)$$
$$AI\_TEST1 \ at \ \%I82.0：usint；\quad (82 = 16×5+1×2)$$
$$AI\_TEST2 \ at \ \%I84.0：usint；\quad (84 = 16×5+2×2)$$
$$AI\_TEST3 \ at \ \%I86.0：usint；\quad (86 = 16×5+3×2)$$

（2）模拟量输出（AO）。

变量声明方法："%Q" + "addr" + ".0"。

说明：addr计算方法：（模块地址×16 + 变量号×该变量类型长度），其中模块地址为0~31，bit位0。

举例：声明4个表示模块地址为5的unsigned int（该变量类型长度 = 2）类型变量：AO_TEST0，AO_TEST1，AO_TEST2，AO_TEST3。

$$AO\_TEST0 \ at \ \%I80.0：usint；\quad (80 = 16×5+0×2)$$
$$AO\_TEST1 \ at \ \%I82.0：usint；\quad (82 = 16×5+1×2)$$
$$AO\_TEST2 \ at \ \%I84.0：usint；\quad (84 = 16×5+2×2)$$
$$AO\_TEST3 \ at \ \%I86.0：usint；\quad (86 = 16×5+3×2)$$

3）内部存储器

存储器容量取决于所选控制器。

PAC313 – 1：最大 2048 个字节；

PAC314 – 1：最大 8196 个字节；

......

变量声明方法："% M" + "addr" + "." + "bit"。

说明：addr 计算方法：内部存储器地址。

举例：声明 4 个内部变量 VAR_TEST0，VAR_TEST1 VAR_TEST2，VAR_TEST3。

VAR_TEST0 at % m0. 0：dword；

VAR_TEST1 at % M10. 0：uint；

VAR_TEST2 at % m20. 0：uint；

VAR_TEST3 at % m30. 0：bool；

7. 程序设计

此软件支持 5 种编程语言来编写程序，分别是：SFC（Sequential Function Chart）、CFC（Continuous Function Chart）、ST、IL 和 LD，可以结合各种语言的优、缺点或根据个人编程习惯来选择相应的编程语言。有关语言的使用，可参考其语言帮助。

编程窗口主要有几大部分：工程浏览栏、代码栏和输出栏，如图 5.21 所示。

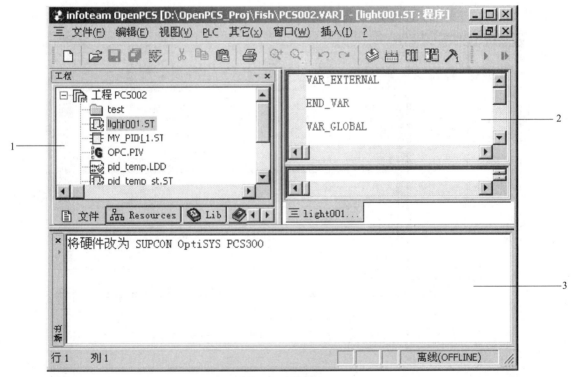

图 5.21 编辑窗口

1—工程浏览栏；2—代码栏；3—输出栏

工程浏览栏由文件、Resources、OPC‑I/O、Lib、Help 5 页组成。文件显示的是各个程序文件，可以通过此窗口来打开程序代码；Resources 显示的是各个代码文件的变量，可以此定义某个程序的运行方式，具体操作是：打开某一程序属性，选择其运行方式为：cyclic、timer 或 interrupt，同时可设定相应的运行方式参数；OPC‑I/O 显示的是可调用的 OPC；Lib 显示的是可调用的库文件程序；Help 是编程软件帮助。

代码栏分变量定义和程序两个窗口。所有输入输出、内部地址以及其他自定义变量都必须有变量名称定义。

8. 编译、下载、监控

写完程序，单击"PLC"→"Build Active Resource"/"Re build Active Resource"/"Build All Resources"或者单击工具栏上相应编译工具图标来编译程序，输出栏将显示编译信息。

若编译成功，单击"PLC"→"Online"或者单击工具栏上相应图标即可下载程序到 PLC，同时会增加变量监控栏。从工程浏览栏的 Resources 页中可添加所需监控的变量至监控栏中。在线状态下可操作 PLC 启动或停止。

三、编程软件的使用

1. ControlX 框架

ControlX 框架容纳了大部分 OptiSYS 的工具。ControlX 框架一般看上去与图 5.22 所示的框架相似。

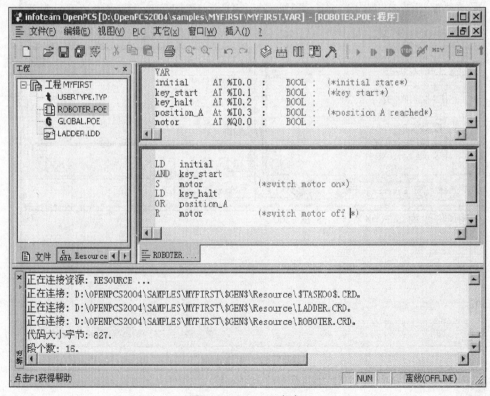

图 5.22　ControlX 框架

工程显示在左边的工程浏览栏中，编辑窗口定位在中间。大部分编辑窗口使用分屏技术，声明放在上层，指令编辑在下层。对于所有的编程语言，声明看上去都是一样的，指令却变化很大。ControlX 框架可以同时处理许多文件。诊断信息显示在底部的输出栏。

2. 输出栏

输出栏位于 ControlX 框架的底部，用于显示诊断消息。

3. 工程浏览栏

工程浏览栏用于 OptiSYS 的文件管理。使用工程浏览栏，可将工作组织成文件和工程。从工程浏览栏中，可创建和编辑文件，以及编译、下载和监测应用程序，如图 5.23 所示。

工程浏览栏由 5 个不同的页组成。

1）文件页

文件页包含一个所有资源文件的目录树，这些资源文件收集在当前的工程下（①）。这些文件都是用户用 OptiSYS 的一种编辑器或者其他应用程序编写的。当前工程路径的所有目录（②）和文件（③）在这里都显示出来，如图 5.24 所示。

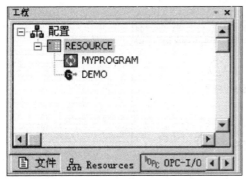

图 5.23　工程浏览栏　　　　　　　　　　图 5.24　文件页

2）Resources 页

Resources 页包含名为"配置"的实例树。它将显示用户的控制器作为资源（①）、运行在这些控制器上的任务（②）、函数和功能块实例以及在这些控制器中定义的所有变量（③）。激活资源用绿色按钮显示，如图 5.25 所示。

在实例树中，只有文件和定义在文件页的工程的连接：任务对应 PROGRAM 类型的 POU，全局变量对应全局声明文件，等等。

3）OPC – I/O 页

OPC – I/O 页包含本地有用的 OPC – DA 地址空间树。在根部（①）列出了所有当前注册在运行计算机上的 OPC – DA 服务器。在根部以下，用户能发现好几层内嵌的 OPC 文件夹（②），由被选择的 OPC – DA 服务器的地址空间构成。最后，在这个树的末端，有 OPC – Tags（③）表示 OPC – DA 服务器的 I/O 值，如图 5.26 所示。

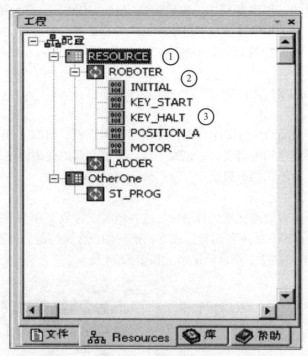

图 5.25　Resources 页

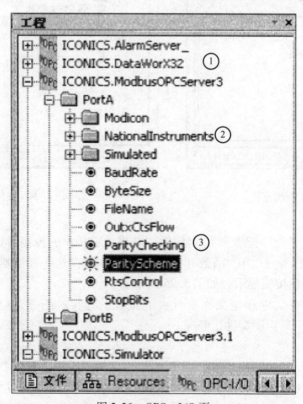

图 5.26　OPC – I/O 页

既然使用 OPC – I/O 页只对支持 OPC – I/O 的目标有意义，因此用户可以通过"其他_浏览器选项_"对话框来打开或者关闭这个页的显示。

注意：目前不支持非本地 OPC 服务器。Infoteam 的 OPC 服务器（infoteam. PadtOpcSvrDA）在这个列表中不可用。

4）库页

库页包含一个树，这个树是工程中所有已安装的库的目录。用户可以通过"文件"→"库"来安装新的"库"，或选择"文件"→"库"→"在当前工程中使用"来使用工程中的一个库。当前正在使用的库会用一个红色符号来显示，如图 5.27 所示。

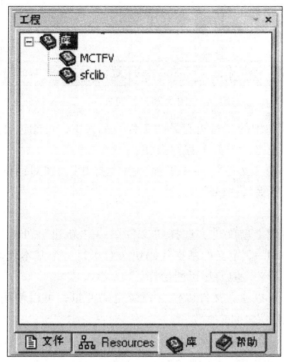

图 5.27　库页

5）帮助页

在程序使用中有问题，可以使用程序中自带的帮助系统进行查询，如图 5.28 所示。

4. 工程

1）创建新工程

如果已经打开 OptiSYS，那么就可以开始工作了。第一步是新工程的创建。选择"文件"→"工程"→"新建…"或者按下工具栏中相应的按钮。

OptiSYS 工程的名称不能包含空（空格）字符或者特殊字符。另外，为了容易更新，推荐把应用程序与 OptiSYS 分开存储。例如，C：\PROJECTS 就是一个用于存储工程的目录。

在键入的位置会自动创建一个名字跟工程一模一样的子目录。这个目录包含工程中的所有文件。

2）打开工程

可以通过 3 种方式打开一个工程。

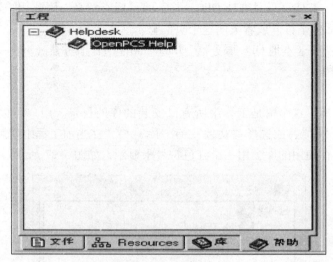

图 5.28　帮助页

（1）在"文件"菜单中的"最近打开的工程"列表中，可能包含要找的文件。

（2）通过工具栏：单击"打开工程"按钮。

（3）通过菜单：单击"文件"→"工程"→"打开"。在对话框或者在文件夹选择所要的工程，工程文件有后缀名"var"。

3）建立新文件

在 ControlX 框架内建立新文件。选择"文件"→"新建"可以看到许多选择，程序、功能块和函数是 IEC61131 - 3 定义的基本代码块。对于每一个基本代码块，可以在 OptiSYS 的几种编程语言中选择定义，但要尽可能恰当。

在"其他"下面，可以建立文件以包含资源全局变量，可以使用或者不使用直接硬件地址，也可以建立类型定义文件。

建立完文件后，通过在文件窗格上双击，便可以运行编辑器编辑这些文件。

5. 资源和任务

1）资源介绍

通常，一个资源就等同于一个 PLC 或一个微控制器。一个资源定义包括用于鉴别的名字、硬件描述（即 OptiSYS 所使用的 PLC 的属性）和连接名（即关于 OptiSYS 和控制系统之间通信类型的信息）。

一个资源保留了运行于控制系统的一个任务列表。

2）建立资源

每当创建一个新工程，OptiSYS 就定义一个资源。如果要建立额外的资源，则单击"文件"→"新建…"，在弹出的对话框中进入"其他"并选择"资源"。

单击"确定"，一个新的资源就会出现在 Resources 页中，如图 5.29 所示。

3）编辑资源

若要编辑一个资源，则右击此资源，在弹出的快捷菜单中选择"属性"。在打开的对话框中可以改变以下属性。

在"硬件模式"下面，选择与所使用控制器相应的配置文件。所使用的控制器的制造商一般会提供这个配置文件。若要使用 Windows 仿真 SmartSIM，则使用"SmartSIM"。

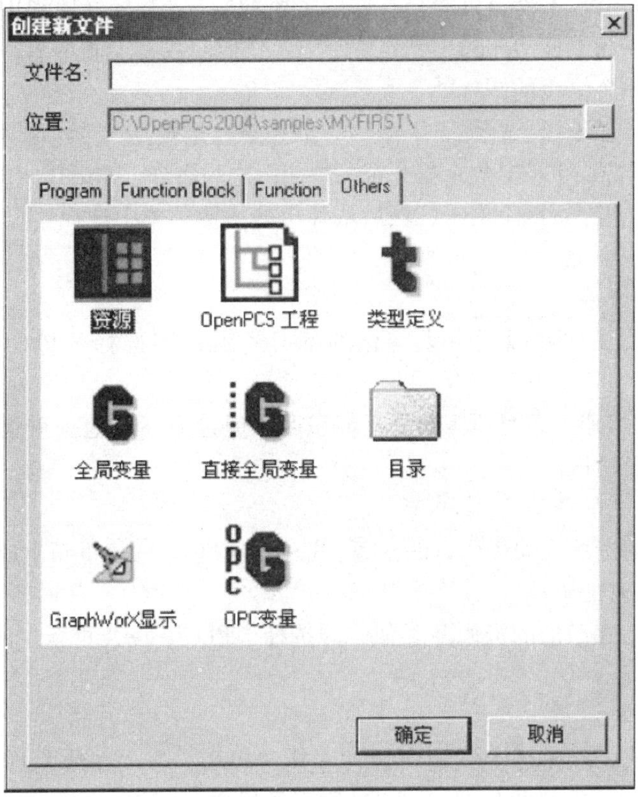

图 5.29　"创建新文件"对话框

在"网络连接"下面，选择通信连接去连接目标。使用"PLC 连接"定义新的连接或者查看修改定义的连接属性。网络连接项选为"仿真"，用于与 OptiSYS 的 PLC 仿真器工作。

选择"上载"，将应用程序的资源打包到目标。在调试的末尾保存工程到控制器以便其他服务人员在后面使用。

"生成映射文件"：生成代码之后，会在连接器信息的地方生成 3 个文本文件。这些文件将被保存在资源目录下，分别名为"Pcedata. txt""PceVars. txt"和"PceSegs. txt"。一些其他的 OptiSYS 的功能（GetVarAddr）需要这个功能去开启，因此最好不要禁用它。

对于最优化设置的描述，可参考高级主题的最优化设置。

4）增加任务

通常一个任务就是指程序再加上如何执行这个程序的信息。任务的定义包括名称、任务执行信息和在这个任务中需要执行的 PROGRAM 类型的 POU。

要增加一个任务，首先标记要创建任务的程序，选择"PLC"→"连接到资源"。在增加了任务之后，可以通过在 Resources 页内双击任务，来改变任务说明。

注意任务的名称取决于程序的名称，并且是不能改变的。要完成任务定义，必须详细指明信息：这个任务是如何被执行的（循环、定时器控制还是中断控制）、任务类型、优先权和定时器控制、这个任务的执行以及与其他任务的合作。

5）激活资源

对于每一个 OptiSYS 工程，可能会有许多"资源"，要想最好地利用多资源可以查看高级主题部分。然而，为了使 OptiSYS 更容易使用，任何时候都会正好有一个激活的资源，在浏览器中会显示为一个绿色的图标。

许多用户命令，如编译、在线、下载等，都在隐含地使用"激活的资源"。因此即使在一个工程中有许多资源，也不必规定哪个资源去使用这些命令。如果想使用一个不同于当前激活资源的资源，则在这个资源上右击，然后从弹出的快捷菜单中选择"设置激活"即可。

6. 编译器

1）组建激活的资源

可以仅组建自上一次修改后发生变化的部分资源，即选择"PLC"→"生成当前资源"。

OptiSYS 会自动组建上线时所需的任何东西，但也应不时地去重新编译，这样程序可以尽可能早地检测出错误。

2）重新组建激活的资源

要在一个激活的资源里编译所有的任务，选择"PLC"→"重新生成当前资源"即可。

3）重新组建所有的资源

步骤与"重新组建激活的资源"类似，即选择"PLC"→"重新生成所有资源"。

7. 在线调试

1）上线

要进入在线模式，双击想上线的资源，选择"PLC"→"在线"即可，或者单击工具栏中的"在线"按钮。重复此步骤，可以进行下线操作。

2）下载

在任何需要下载的时候，OptiSYS 会自动给出提示，可以通过选择"PLC"→"PC"→"PLC"（下载）随时调用。

3）观察变量

将变量加入测试与调试的观察列表，打开应用程序的资源树，然后双击任一变量，如图 5.30 所示。

4）启动在线编辑器

在线模式下启动应用程序代码块的编辑器的步骤为：打开资源树，定位要监控的实例，然后双击。

5）硬件信息

只在在线模式下有效，可以得到所使用硬件的信息。步骤为：标记激活的资源然后选择"PLC"→"PLC 信息"。

6）资源信息

只在在线模式下有效。可显示：工程名、资源名、版本号（内部自建并分配到具体的编译）。通过标记资源，然后选择"PLC"→"资源信息"，即可显示资源的信息。

7）上载

OptiSYS 支持从控制器上上载工程。在使用此特性前，应在编译一个资源时选中"使能上载"复选框。从任何控制器上载的步骤为选择"PLC"→"PC"→"PLC"（上载）。

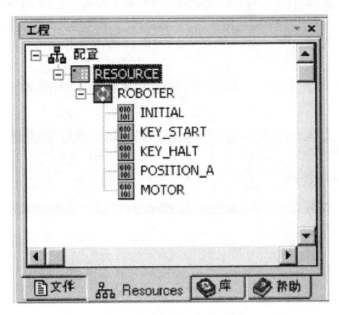

图 5.30 应用程序的资源树

8. 全局资源变量

在 OptiSYS 中，有两种全局资源变量：

（1）全局变量：这些变量没有硬件地址，比如，用于中间结果。

（2）直接全局变量：这些变量有直接硬件地址和 IO 声明，代表硬件的接口。

建立一个有全局变量的新文件的步骤为：选择"文件"→"新建"→"其他"→"全局变量"，或者选择"文件"→"新建"→"其他"→"直接全局变量"。编辑这些文件，然后与要使用它们的资源相链接。

9. 类型定义

在默认情况下，对每个 OptiSYS 工程，用户定义数据类型（usertype. typ）都存储在一个文件中。如果需要自己的数据类型，则需要编辑这个文件或创建单独的文件。为了让任何资源都能使用那些数据类型，可将文件加到各自的资源中。

10. 增加文件

OptiSYS 允许增加任何类型的文件到 OptiSYS 工程中。此外，还可以在一个工程里新建注册文件，有时注册文件是由其他程序创建的，比如：Microsoft Word、Microsoft Excel、Microsoft Project 和 AutoCAD。在弹出的菜单中选择想要的文件类型，然后打开相应的目录即可。在目录中可以选择想要拷贝的文件。按住鼠标左键和"Shift"或"Ctrl"键，可以进行多重选择。这个文件将会被拷贝到浏览器的当前目录中，并且可以通过双击打开它，然后进行编辑。

11. 浏览器选项

通过选择"其他"→"浏览器选项"，来设置浏览器选项。

"隐藏文件类型"：如果检查栏是满的，则浏览器只显示 OptiSYS 文件类型。除了列在"附加文件类型"的文件类型外，所有其他文件是隐藏的。

"不显示 SFC 变量": 如果检查栏是满的, 所有首字符是 "_" 的变量都会被隐藏在资源树中。

"使能 OPC 浏览器面板": 用来隐藏或显示 OPC 浏览器窗格。

12. 交叉参考 (每个变量)

打开 Resources 页, 右击一个变量, 在弹出的快捷菜单中选择交叉参考即可, 如图 5.31 所示。

图 5.31　"交叉参考"对话框

在交叉参考对话框中, 所选变量的名字和类型位于左上方, 在下面的是所使用变量在程序中的所有位置的列表。双击任意一行可以打开相应的文件然后移动光标到各自的行。

如果所选变量在许多位置都被使用, 则可使用右上方的下拉列表来查找。

项目知识 3　楼宇公共及应急照明组态与编程

一、OpenPCS 控制器组态编程软件的设置及程序编写

1. OpenPCS 控制器组态编程软件的设置

双击图标 , 打开软件后单击图标 📄 新建工程, 如图 5.32 所示。

输入工程名称, 选择路径, 单击"确定"。然后在此单击 📄 新建 ST, 如图 5.33 所示。

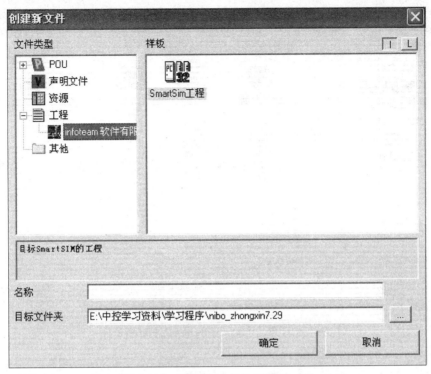

图 5.32　"创建新文件"对话框（1）

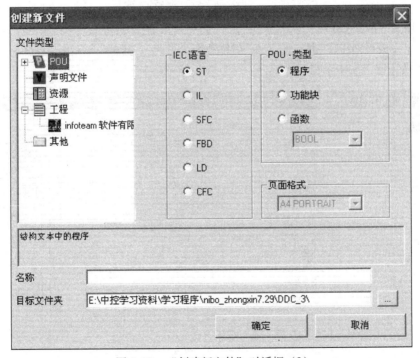

图 5.33　"创建新文件"对话框（2）

工程名称必须用英文字符，单击"确定"。如果用 OptisysOPC 上下位机承接软件，则接着新建直接全局变量，如图 5.34 所示。

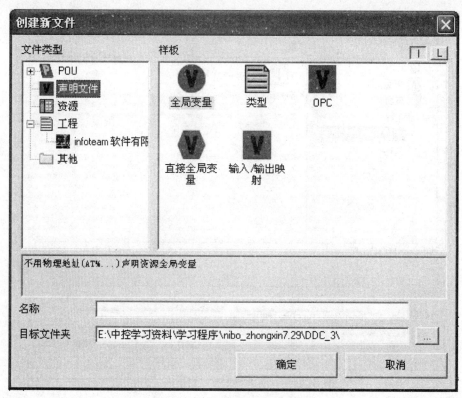

图 5.34　"创建新文件"对话框（3）

名称必须为 VARTABLE。

工程新建完成后对 PLC 进行配置配置方式为：选择"其他"—"工具"—"PAC3XX配置"，弹出如图 5.35 所示窗口。

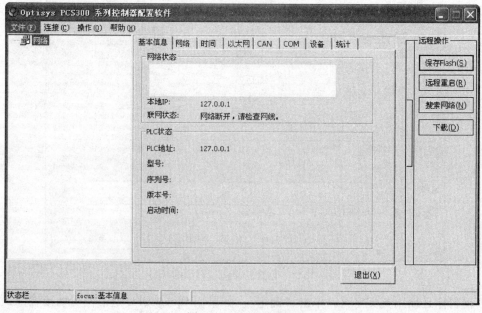

图 5.35　配置对话框

搜索网络，CPU联网后可以更改如图5.36所示的信息。

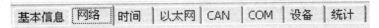

图5.36 选项卡标签

更改信息后需要保存FLASH。"设备"里的模块配置完成后要单击"下载"，PLC连接设置的步骤为：单击"PLC"→"连接"，弹出对话框，如图5.37所示。

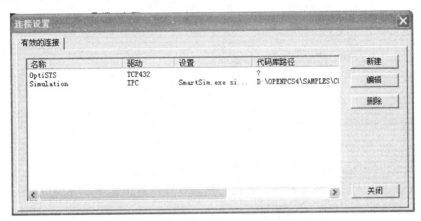

图5.37 "连接设置"对话框

单击"新建"，弹出如图5.38所示的对话框。

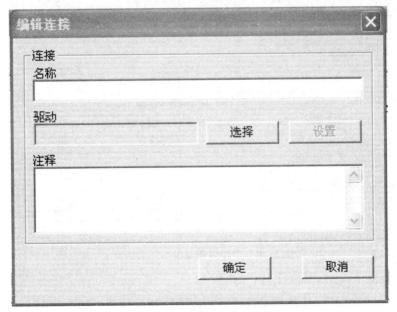

图5.38 "编辑连接"对话框

输入名称，单击"选择"，在所显示的对话框中双击 ，然后选择"设置"，弹出如图5.39所示的对话框。

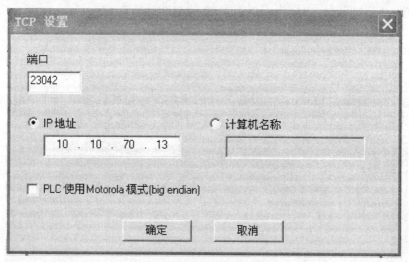

图 5.39　"TCP 设置"对话框

在端口输入：23042，IP 地址为 CPU 地址，单击"确定"。

PLC 连接设置完成后，在编程软件界面对所写程序进行编译下载并运行。步骤如下：

（1）单击第 2 个图标　，对程序编译，若编译无错误则进行下一步操作。

（2）单击第 3 个图标，弹出"编辑资源说明"对话框，如图 5.40 所示。

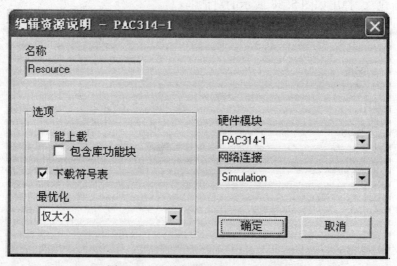

图 5.40　"编辑资源说明"对话框

硬件模块选择"LC313 – 1/LC315 – 1"。

在网络连接列表中选择连接就是选择需要连接的 PLC 设备，如图 5.41 所示。

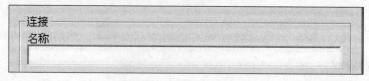

图 5.41　连接名称文本框

设置完成后单击"确定"。

接着下载程序，单击第 4 个图标 ，下载程序至 CPU 内。最后运行程序，单击 ▶ 冷启动。

下载完成后，弹出如图 5.42 所示的界面，可从资源中提取数据，用程序控制和检测现场设备。

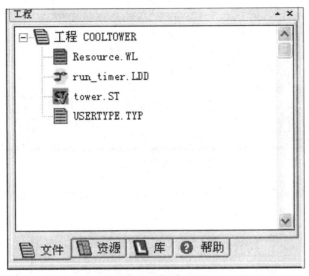

图 5.42　下载完成界面

2. LC313 - 1/LC315 控制器编程地址的计算

LO304 模块地址 addr：开关量输出 $\%Q(32 \times addr).0 \sim \%Q(32 \times addr + 3).0$

每路对应 1 字节（Byte），控制 4 路灯光中 1 路的开关状态。

LO306 模块地址 addr：开关量输出 $\%Q(32 \times addr).0 \sim \%Q(32 \times addr + 5).0$

每路对应 1 字节（Byte），控制 6 路灯光中 1 路的开关状态。

LA304 模块地址 addr：调光输出 $\%Q(32 \times addr + 8).0 \sim \%Q(32 \times addr + 11).0$

每路对应 1 字节（Byte），控制 4 路灯光中 1 路的调光状态。

调光输入 $\%I(32 \times addr + 8).0 \sim \%I(32 \times addr + 11).0$

每路对应 1 字节（Byte）。

LA304 - 8 模块地址 addr：开关量输出 $\%Q(32 \times addr).0 \sim \%Q(32 \times addr + 3).0$

每路对应 1 字节（Byte），控制 4 路灯光中 1 路的开关状态。

调光输出 $\%Q(32 \times addr + 8).0 \sim \%Q(32 \times addr + 11).0$

每路对应 1 字节（Byte），控制 4 路灯光中 1 路的调光状态。

调光输入 $\%I(32 \times addr + 8).0 \sim \%I(32 \times addr + 11).0$

每路对应 1 字节（Byte）。

注明：LC315 - 1 控制器第 2 条 CAN 总线上的模块，其实际物理地址为 0，对应的程序中编写的地址为 16。

3. 编译、下载代码

为了执行应用程序，首先需要编译它并且将代码下传到控制器中。第一步为选择一个激活的资源。在 Resources 页中右击资源，在弹出的快捷菜单中单击"Set active"激活资源。现在选择 PLC Online 连到 PLC。在如图 5.43 所示的输出窗口中，将会看到编译过程。

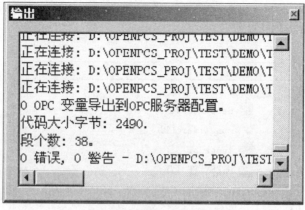

图 5.43　编译输出对话框

编译成功之后，OpenPCS 将会检测需要下传到控制器的代码，如图 5.44 所示，根据提示进行操作。

图 5.44　提示对话框

单击"是"接受。在代码传送过程中将会看到一个进程条，下载时间受程序代码大小影响。下载完毕后，OpenPCS 会自动打开另一个工具——"Test and Commissioning（测试与调试）"，如图 5.45 所示，这表明 OpenPCS 处于在线状态。

×	实例路径	名称	值	类型	地址	强制	注释
	TEST_CFC	TIMER1_ET	8s843ms	TIME			
	TEST_CFC	TIMER1_PT	10s0ms	TIME			
	TEST_CFC	FCT_10_1_TIME_T...	8843	DINT			
	TEST_CFC	FCT_10_1_DINT_T...	8843	INT			
	TEST_CFC	FCT_10_1_NOT_OUT	TRUE	BOOL			
	TEST_CFC	FCT_10_1_ADD_OUT	8843	INT			
	TEST_CFC	ADD_INT_OUT_1	8843	INT			
	TEST_CFC	ADD_INT_1	0	INT			
	TEST_ST	VAR_2	0	REAL	%M500.0		
	TEST_ST	VAR_1	0	DWORD	%M500.0		

图 5.45　测试与调试

在"测试与调试"中，使用 PLC Coldstart（或单击工具栏中的蓝色箭头）启动执行代码，如图 5.46 所示。

图 5.46　PLC Coldstart 工具栏

4. 监控代码

现在应用程序已经在运行了。回到浏览器，在 Project（工程）中找到"RESOURCE"。单击所有"＋"打开资源入口下面的所有树，以展示"instance tree（实例树）"。实例树会将所有程序和功能块的实例以及程序中所使用的变量全部展示出来，如图 5.47 所示。

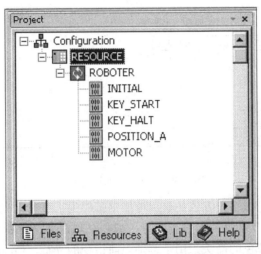

图 5.47　instance tree（实例树）

双击一些变量的入口（显示 0/1 的灰箱），可以看见相应的变量会增加到 Test&Commissioning 的观察列表中，如图 5.48 所示。

实例路径	名称	值	类型	地址	强制	注释
TEST_CFC	TIMER1_ET	8s843ms	TIME			
TEST_CFC	TIMER1_PT	10s0ms	TIME			
TEST_CFC	FCT_10_1_TIME_T...	8843	DINT			
TEST_CFC	FCT_10_1_DINT_T...	8843	INT			
TEST_CFC	FCT_10_1_NOT_OUT	TRUE	BOOL			
TEST_CFC	FCT_10_1_ADD_OUT	8843	INT			
TEST_CFC	ADD_INT_OUT_1	8843	INT			
TEST_CFC	ADD_INT_1	0	INT			
TEST_ST	VAR_2	0	REAL	%M500.0		
TEST_ST	VAR_1	0	DWORD	%M500.0		

图 5.48　Test&Commissioning 观察列表

现在回到 Resources 页，在资源下面寻找程序入口。注意不要和列在 File 页下的资源文件相混淆。双击程序中的某一个程序（为避免混乱，请关闭所有不在线的资源代码文件）。此时会以在线模式运行 ControlX 编辑器。当将光标在 ControlX 编辑器上移动时会看到与前面不同的光标形状。移动光标到代码中的一个变量上，很短时间后，会看到一个"tooltip（工具提示）"，如图 5.49 所示，同在线值显示一样。

移动光标指向不同的变量，检验它们的值。如果应用程序修改了变量，显示会自动地更新。

```
VAR
initial       AT %I0.0    :     BOOL;   (*initial state*)
key_start     AT %I0.1    :     BOOL;   (*key start*)
key_halt      AT %I0.2    :     BOOL;
position_A    AT %I0.3    :     BOOL;   (*Position A reached*)
motor         AT %Q0.0    :     BOOL;
END_VAR
```

```
LD    initial
AND   key_start
S     motor        (*switch motor on*)
LD    key_halt
OR    pos BOOL (AT%Q0.0) motor = FALSE
R     motor        (*switch motor off*)
```

≡ ROBOTER

图 5.49　tooltip（工具提示）

　　如果需要分析代码逻辑，仅仅值的显示可能是不够的。可移动光标到包含所分析代码的那一行单击鼠标。按下 F9 在那一行设置断点，则会立刻在那一行看到一个表示断点的红点标志。然后会出现一个黄色的箭头，用于鉴别当前指令的光标。ControlX 编辑器将会在输出栏，如图 5.50 所示，显示"Breakpont reached（到达断点）"。

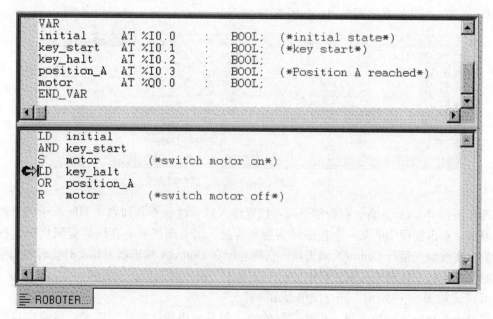

```
VAR
initial       AT %I0.0    :     BOOL;   (*initial state*)
key_start     AT %I0.1    :     BOOL;   (*key start*)
key_halt      AT %I0.2    :     BOOL;
position_A    AT %I0.3    :     BOOL;   (*Position A reached*)
motor         AT %Q0.0    :     BOOL;
END_VAR
```

```
LD    initial
AND   key_start
S     motor        (*switch motor on*)
LD    key_halt
OR    position_A
R     motor        (*switch motor off*)
```

≡ ROBOTER

图 5.50　ControlX 编辑器的输出栏

即使控制器在断点处已经停止，依然可以移动光标去检验变量值。按下 F10 执行单步，或按下 F5 继续执行程序。在包含断点的那一行，再次按下 F9 则可删除断点。

注意：如果在设置的断点处程序没有停止，可能是因为没有正确地设置优化设置属性。请确保资源设定为"size only"。

二、系统工程组态程序实例

1. 下位机程序编写调试

双击图标 ，打开编程软件，单击新建工程会出现如图 5.51 所示对话框。

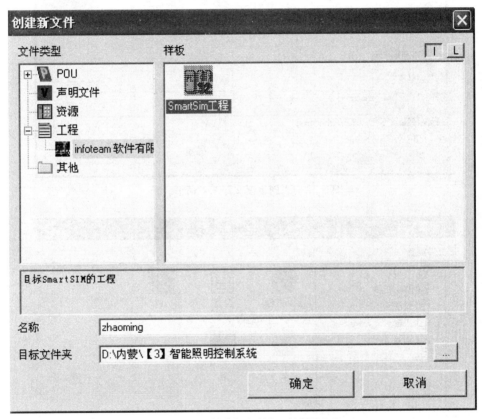

图 5.51 "创建新文件"对话框（4）

输入工程名称，选择路径，单击"确定"。

1）新建 ST

如图 5.52 所示，文件名称必须用英文字符，设置好后单击"确定"。

2）新建全局变量

如要用 optisysOPC 上下位机承接软件，则要接着新建直接全局变量，这里因为有物理地址的变量和非物理地址的变量，所以需要建立两个全局变量名 VARTABLE1 和 VARTABLE2，如图 5.53 所示。

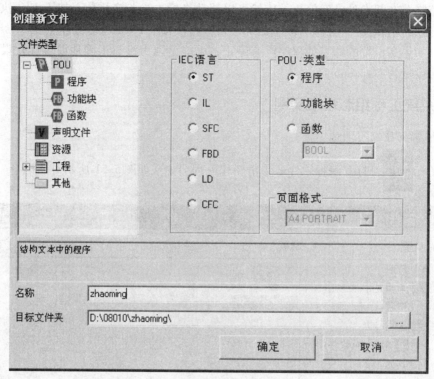

图 5.52　"创建新文件"对话框（5）

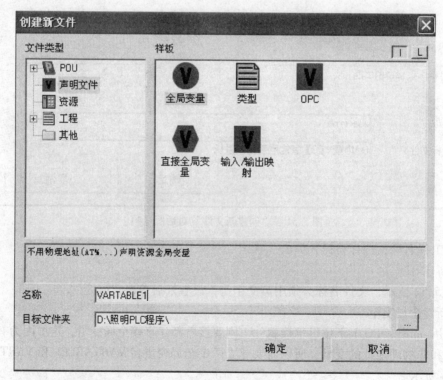

图 5.53　变量创建

3) 编辑程序

完成之后编写程序，程序示例如下：

```
Vartable1.POE:(物理地址)
VAR_GLOBAL
AO1 AT% Q72.0    :BYTE;
T1  AT% Q64.0    :BOOL;
T2  AT% Q65.0    :BOOL;
T3  AT% Q66.0    :BOOL;
DI1 AT% I32.0    :BOOL;
DI2 AT% I32.1    :BOOL;
DI3 AT% I32.2    :BOOL;
RT  AT% I32.3    :BOOL;
GZD AT% I40.0    :INT;
END_VAR


Vartable2.POE:(非物理地址)
VAR_GLOBAL
AO1_M       :REAL;
GZD_M       :REAL;
ZD          :BOOL;
SD          :BOOL;
END_VAR
```

接下来编写 zhaoming. ST 程序，这里有两个窗口，上面窗口为程序变量类型定义，下面窗口为所运行的程序。

首先定义变量程序：

```
VAR_EXTERNAL
AO1    :BYTE;(******* 第一路调光控制 *********)
T1     :BOOL;(******* 第一路开关控制 *********)
T2     :BOOL;(******* 第二路开关控制 *********)
T3     :BOOL;(******* 第三路开关控制 *********)
DI1    :BOOL;(******* 第一路状态 *********)
DI2    :BOOL;(******* 第二路状态 *********)
DI3    :BOOL;(******* 第三路状态 *********)
RT     :BOOL;(******* 人体感应 DI4 *********)

GZD    :INT;(******* 光照度 AI1 *********)
```

```
    AO1_M      :REAL;
    GZD_M      :REAL;

    ZD         :BOOL;
    SD         :BOOL;

    END_VAR

    VAR_GLOBAL

    END_VAR

    VAR

    END_VAR
```

主程序：

```
( ******** 数据类型转换 ********* )
GZD_M: = INT_TO_REAL(GZD)/27648.0 * 2000.0;
AO1: = REAL_TO_BYTE(AO1_M * 2.55/2.0);
( ******** 量程限位 ********* )
IF AO1_M > = 100.0 THEN
    AO1_M: = 100.0;
END_IF;
IF AO1_M < = 0.0 THEN
    AO1_M: = 0.0;
END_IF;

if   ZD = 1 AND GZD_M < 20.0 and RT = 0 THEN
    AO1_M: = 70.0;
    T1: = 1;
    T2: = 1;
    T3: = 1;


END_if;

IF SD = 1 THEN
```

```
    ZD: = 0;
    ELSE
    ZD: = 1;

END_if;

if RT = 1 AND ZD = 1 THEN
    T1: = 0;
    T2: = 0;
    T3: = 0;
END_IF;

if GZD_M < 0.0 THEN
GZD_M: = 2000.0;
END_IF;
```

程序编写完成之后进行编译下载。在编译下载之前先完成 PLC 通信连接。

4）PLC 通信连接

单击"其他"→"工具"→ OptiSYS PAC3XX 配置 ，再单击"搜索网络"，搜索成功后进行保存下载，如图 5.54 所示。

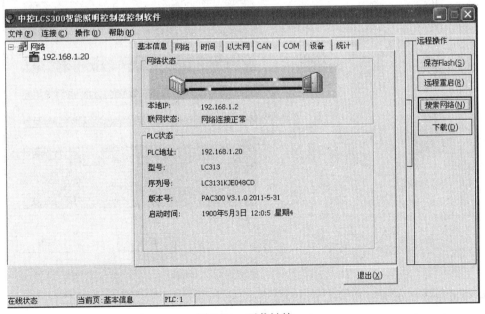

图 5.54 下载链接

5）PLC 连接设置

下载程序完成之后进行 PLC 连接设置，在设置界面中单击"PLC"→"连接"→"新建"，如图 5.55 所示。

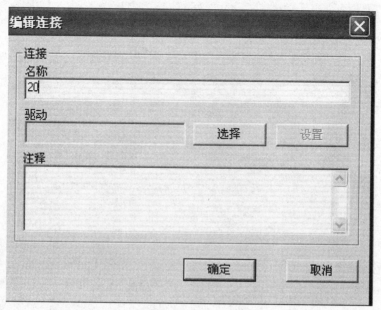

图 5.55　PLC 设置

输入连接名称，再选择驱动，如图 5.56 所示。

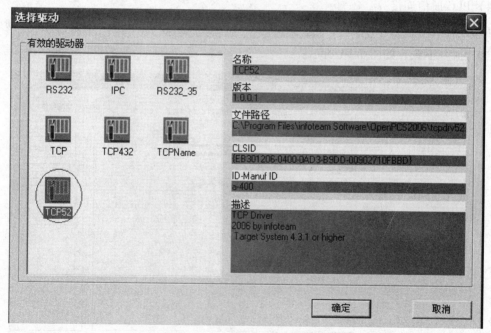

图 5.56　"驱动选择"对话框

确定退出之后再进行 IP 地址的设置，如图 5.57 所示。

完成之后，最后对程序进行编译下载，程序下载成功后可进行联机调试，联机成功后会在右下角出现调试窗口，如图 5.58 所示。

可通过双击，对所要改变的变量值进行重新赋值，如图 5.59 所示。

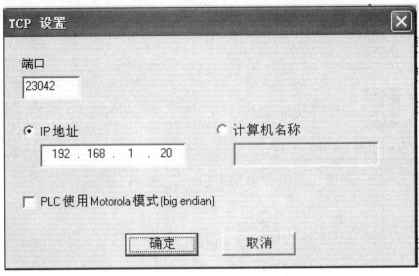

图 5.57 IP 地址的设置

实例路径	名称	值	类型	地址	强制	注释
ZHAOMING	ZD	FALSE	BOOL			
ZHAOMING	SD	TRUE	BOOL			
ZHAOMING	T3	FALSE	BOOL			
ZHAOMING	T2	FALSE	BOOL			
ZHAOMING	T1	TRUE	BOOL			
ZHAOMING	RT	FALSE	BOOL			
ZHAOMING	GZD_M	87.5289400000	REAL			
ZHAOMING	GZD	1210	INT			
ZHAOMING	DI3	FALSE	BOOL			
ZHAOMING	DI2	FALSE	BOOL			
ZHAOMING	DI1	FALSE	BOOL			
ZHAOMING	AO1_M	70.0000000000	REAL			

图 5.58 联机调试窗口

图 5.59 "赋值"对话框

图 5.59 所演示的是把命名为 T1 的 DO1 设置为"开"的操作过程，对应的第一路灯会被点亮。

2. 上位机组态

1）新建窗口

双击图标  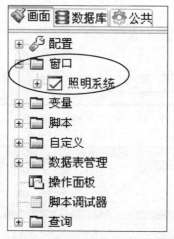 ，打开上位机软件。新建工程名为"照明系统"，双击工程名进入组态，如图 5.60 所示。

图 5.60　新建工程

画面新建完成之后可添加设备驱动，如图 5.61 所示。

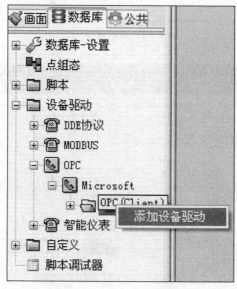

图 5.61　设备驱动的添加

设备定义对话框如图 5.62 所示。

单击"下一步"后出现"定义 OPC 设备"对话框，如图 5.63 所示。

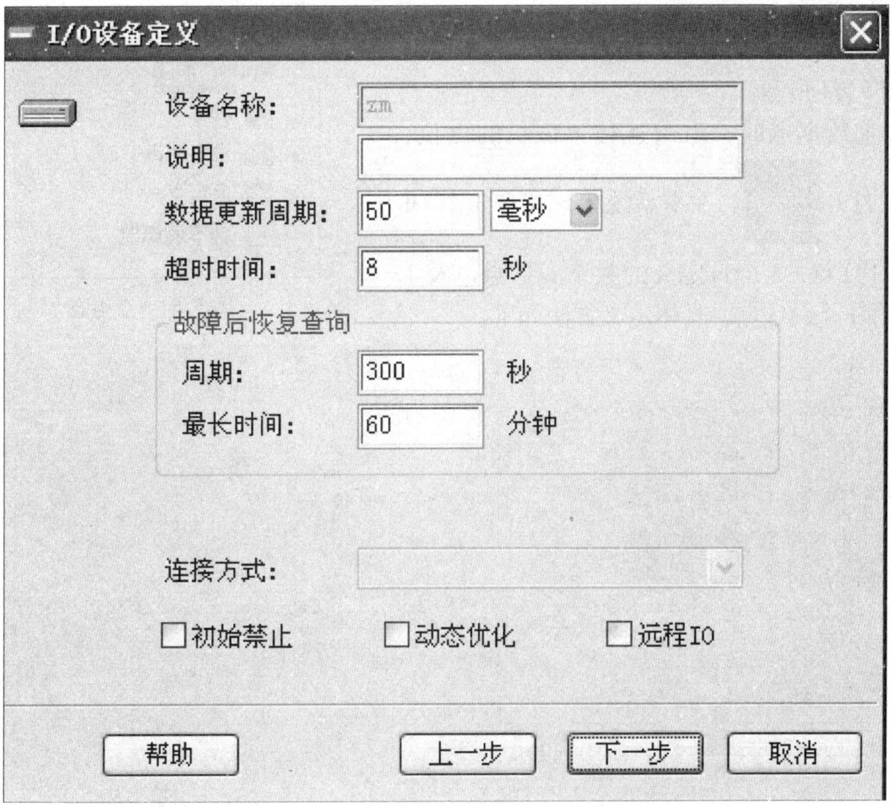

图 5.62　"设备定义"对话框

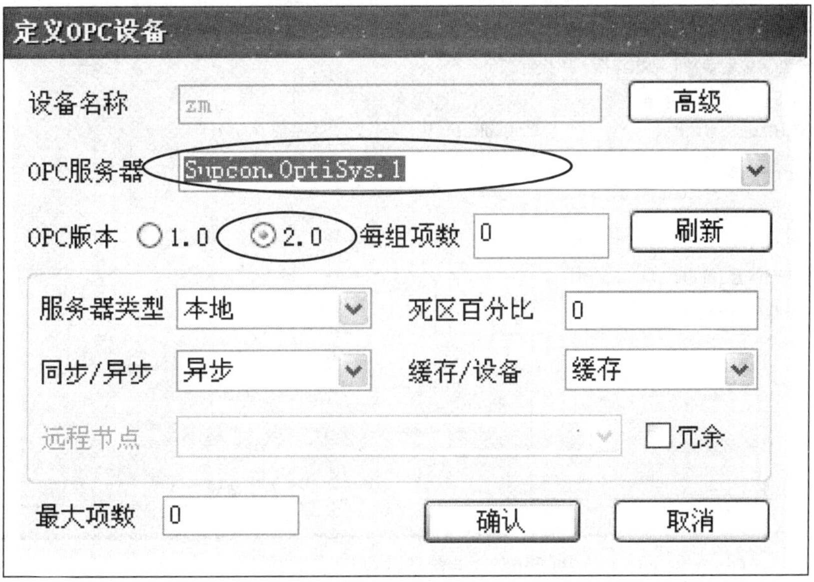

图 5.63　"定义 OPC 设备"对话框

单击"确定"退出即可。

2）添加数据点

在"数据库"页中双击"点组态"添加数据点，如图5.64所示。

在添加数据点时，因未连接下位机的点位，这时必须打开。在本系统中，共有3个DI点，3个DO点，2个自定义的数字I/O点以及1个AI点和1个AO点，具体定义方法如下：

图5.64　点组态

```
AO1 :BYTE;（******* 第一路调光控制 ********）
DO1 :BOOL;（******* 第一路开关控制 ********）
DO2 :BOOL;（******* 第二路开关控制 ********）
DO3 :BOOL;（******* 第三路开关控制 ********）
DI1 :BOOL;（******* 第一路状态 ********）
DI2 :BOOL;（******* 第二路状态 ********）
DI3 :BOOL;（******* 第三路状态 ********）
AO1_M  :REAL;
GZD_M  :REAL;
ZD     :BOOL;（******* 自动 ********）
SD     :BOOL;（******* 手动 ********）
```

下面以DI1点位添加为例进行点位连接方法的介绍：

双击DI1点的名称空白处，弹出"新建数据库点"窗口，如图5.65所示。

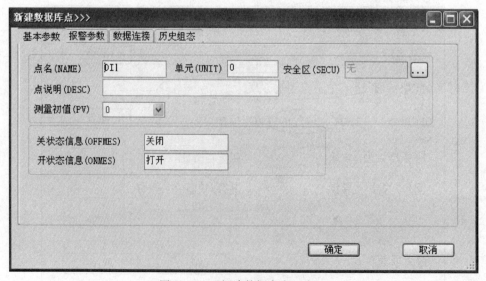

图5.65　"新建数据库点"窗口

输入点名称，再选择"数据连接"选项卡，如图5.66所示。

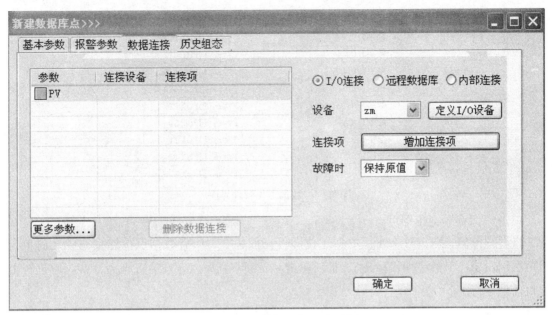

图 5.66 "数据连接"选项卡

单击"增加连接项",弹出如图 5.67 所示对话框,选择所要连接的数据点,单击"确定"完成。

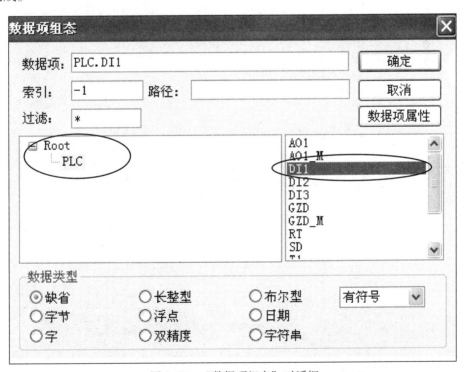

图 5.67 "数据项组态"对话框

所有点位添加完成之后可在数据管理界面中进行查看,如图 5.68 所示。

1	AO1	模拟I/O点		PV=zm:[]PLC.AO1_M
2	DI1	数字I/O点		PV=zm:[]PLC.DI1
3	DI2	数字I/O点		PV=zm:[]PLC.DI2
4	DI3	数字I/O点		PV=zm:[]PLC.DI3
5	GZD	模拟I/O点		PV=zm:[]PLC.GZD_M
6	RT	数字I/O点		PV=zm:[]PLC.RT
7	szd	数字I/O点		PV=zm:[]PLC.SD
8	T1	数字I/O点		PV=zm:[]PLC.T1
9	T2	数字I/O点		PV=zm:[]PLC.T2
10	T3	数字I/O点		PV=zm:[]PLC.T3

图5.68 数据点位管理界面

单击"保存"退出即可。

再回到窗口，双击对象连接数据点位即可完成关联，所有数据点位连接完成之后单击"保存" 🖫 ，再单击"编译" 🐝 ，最后单击"运行" ▶ ，进入运行画面，就可以进行上位机监控运行了。